"十二五"职业教育国家规划教材

经全国职业教育教材审定委员会审定

高等职业教育**土建类**专业教材

GAODENG ZHIYE JIAOYU TUJIANLEI ZHUANYE JIAOCAI

建设工程监理

（第4版）

JIANSHE GONGCHENG JIANLI

主　编 / 郑新德

副主编 / 孟锦根　叶　雯

参　编 / 王　冲　杨旭明　刘　鹏
　　　　　周小琼　李　娇

主　审 / 傅　煜

U0240297

重庆大学出版社

内容提要

　　本书对建设工程监理概念和基础知识,监理组织,监理工程师的要求、权利和义务、法律责任进行了简单阐述,对建设工程项目实施阶段的监理工作进行了重点论述,其中包括监理规划系列文件的编制、"三控制二管理一协调"以及安全监理等内容。书中提供了监理规划系列文件的编写案例、监理案例分析及监理表格的示范填写等,有利于学生的理解和掌握。

　　本书注重实际应用,不仅可作为高职高专院校工程监理和建筑工程技术专业的教材,也可作为工程技术人员和管理人员学习有关监理知识的参考书。

图书在版编目(CIP)数据

建设工程监理/郑新德主编.--4版.--重庆:
重庆大学出版社,2019.11(2023.7重印)
高等职业教育土建类专业教材
ISBN 978-7-5624-8398-4

Ⅰ.①建⋯　Ⅱ.①郑⋯　Ⅲ.①建筑工程—监理工作—
高等职业教育—教材　Ⅳ.①TU712.2

中国版本图书馆 CIP 数据核字(2019)第 170166 号

高等职业教育土建类专业教材
建设工程监理
(第4版)
主　编　郑新德
副主编　孟锦根　叶　雯
主　审　傅　煜
责任编辑:范春青　　版式设计:范春青
责任校对:谢　芳　　责任印制:赵　晟

*

重庆大学出版社出版发行
出版人:饶帮华
社址:重庆市沙坪坝区大学城西路21号
邮编:401331
电话:(023)88617190　88617185(中小学)
传真:(023)88617186　88617166
网址:http://www.cqup.com.cn
邮箱:fxk@cqup.com.cn(营销中心)
全国新华书店经销
重庆正光印务股份有限公司印刷

*

开本:787mm×1092mm　1/16　印张:13.75　字数:364 千
2006 年 9 月第 1 版　2019 年 11 月第 4 版　2023 年 7 月第 14 次印刷
印数:39 001—42 000
ISBN 978-7-5624-8398-4　定价:38.00 元

编委会

特别鸣谢（排名不分先后）

天津理工大学经济管理学院
重庆市建设工程造价管理总站
重庆大学
重庆交通大学应用技术学院
重庆工程职业技术学院
河南城建学院
江苏建筑职业技术学院
番禺职业技术学院
青海建筑职业技术学院
浙江万里学院
济南工程职业技术学院
湖北水利水电职业技术学院
洛阳理工学院
邢台职业技术学院
鲁东大学
成都大学
四川建筑职业技术学院
四川交通职业技术学院
湖南交通职业技术学院
青海交通职业技术学院
河北交通职业技术学院
江西交通职业技术学院
新疆交通职业技术学院
甘肃交通职业技术学院
山西交通职业技术学院
云南交通职业技术学院
重庆三峡学院
重庆市建筑材料协会
重庆交通大学管理学院
重庆市建设工程造价管理协会
重庆泰莱建设工程造价咨询有限公司
重庆市江津区建设委员会

前　言

（第4版）

　　本书是针对高等职业教育的教学特点,为工程监理和建筑工程技术专业的建设工程监理课程而编写的专门教材。

　　在编写过程中,本着理论够用、注重技能的高职高专院校人才培养原则,本书理论知识力求精简,在介绍建设工程监理基本理论的基础上,注重实际应用,并结合典型的案例和大量的监理表式,重点讲解在建设工程项目实施阶段监理工作应该怎么做。本书重在培养学生的实际应用能力。

　　本书共分9章,建议学时为48学时。

　　本书参加编写的人员有:郑新德(四川交通职业技术学院,第1章4学时)、孟锦根(四川建筑职业技术学院,第3章8学时,第7章4学时,附录1—3)、叶雯(番禺职业技术学院,第5章4学时)、王冲(四川交通职业技术学院,第6章6学时)、杨旭明(西南民族大学,第8章6学时)、刘鹏(洛阳理工学院,第4章8学时,第9章2学时)、周小琼(四川省兴恒信项目管理咨询有限公司,第2章6学时)、李娇(四川省兴恒信项目管理咨询有限公司,第9章)。全书由郑新德统稿。

　　本书在编写过程中参考了相关教材与著作,在此向作者表示衷心的感谢。

　　书中的不足之处,敬请读者和同行批评指正。

编　者
2019年3月

前言

（第 1 版）

工程建设监理制是我国建设管理体制的重要组成部分。在建设领域中实施工程建设监理制，对于降低工程造价、提高工程质量、加快工程进度、提高工程建设项目的经济效益有着重要的作用。随着我国建设事业的蓬勃发展，行业迫切需要大量建设监理一线人才。正是为适应这种形势发展的需要，我们针对高职高专的教育特点编写了这本书。

本书在编写过程中本着"理论够用、注重技能"的高职高专院校人才培养原则，介绍了工程建设监理的基本概念、监理企业的设立、监理规划系列文件、建设工程监理的质量控制、建设工程投资控制、建设工程进度控制、建设工程合同管理、建设工程监理的组织协调、建设工程监理的信息管理等内容，理论知识力求精简，并把监理活动中经常遇到的实际问题做成案例，进行案例分析，并提供参考答案。本书还编入国家最新建设监理制度的法律、法规，紧密结合监理工作的典型案例和大量的监理表式，突出建设工程项目实施阶段监理工作的工作程序和操作方法，具有较强的针对性，能够培养学生的实际应用能力。

本书由郑新德任主编，孟锦根、叶雯任副主编，参加编写的人员有：郑新德（四川交通职业技术学院）、孟锦根（四川建筑职业技术学院）、叶雯（番禺职业技术学院）、王冲（四川交通职业技术学院）、杨旭明（西南民族大学）、刘鹏（洛阳理工学院）。全书由郑新德统稿定稿，由重庆市建设工程造价管理协会傅煜主审。

本书可供高职高专和成人教育学生使用作为教材，也可作为从事工程建设、施工、管理的工程技术工作人员学习和指导实际工作的参考用书。

　　本书在编写过程中参考了众多的教材、著作与资料,吸收了许多有益的知识,也借鉴了一些图表与内容,在此向作者表示衷心的感谢。

　　作者在编写过程中力求做到内容全面、通俗易懂,由于编写时间有限,书中难免存在缺漏和不当之处,敬请专家、同行和广大读者批评指正。

编　者

2011 年 1 月

目录

1 建设工程监理概述

1.1 建设工程监理的概念

·1.1.1 建设工程监理的基本概念·

建设工程监理是指工程监理单位受建设单位委托,根据法律法规、工程建设标准、勘察设计文件及合同,在施工阶段对建设工程质量、造价、进度进行控制,对合同、信息进行管理,对工程建设相关方的关系进行协调,并履行建设工程安全生产管理法定职责的服务活动。实行工程建设监理制度的,目的在于提高工程建设的投资效益和社会效益。

工程监理单位是指依法成立并取得建设主管部门颁发的工程监理企业资质证书,从事建设工程监理与相关服务活动的服务机构。建设单位,也称为业主、项目法人,是委托监理的一方。建设单位在工程建设中拥有确定建设工程规模、标准、功能以及选择勘察、设计、施工、监理单位等工程建设中重大问题的决定权。

·1.1.2 建设工程监理概念的要点·

①《建筑法》①第三十一条明确规定:建设工程监理的行为主体是工程监理企业。

②建设工程监理的实施前提:《建筑法》第三十一条,建设单位与其委托的监理单位应当以书面形式订立建设工程监理合同,需要建设单位的委托和授权。工程监理企业应根据委托监理合同和有关建设工程合同的规定实施监理。工程监理企业在被委托监理的工程中拥有一定的管理权限,是建设单位授权的结果。承包单位接受并配合监理是其履行合同的一种行为。

③建设工程监理的依据包括工程建设文件、有关的法律法规和标准规范、建设工程委托监理合同和有关的建设工程合同。

④建设工程监理的范围。《建设工程质量管理条例》对实行强制性监理的工程范围作了原则性规定,下列建设工程必须实行监理:

a.国家重点建设工程;

b.大中型公用建设工程;

c.成片开发建设的住宅小区工程;

d.利用外国政府或者国际组织贷款、援助资金的工程;

---

① 为了清晰直观,《中华人民共和国建筑法》简称为《建筑法》,其余法律法规同样处理,以下不再重复说明。

e. 国家规定必须实行监理的其他工程。

《建设工程监理范围和规模标准规定》〔建设部令（第 86 号）〕对实行强制性监理的具体工程范围和规模标准作了规定。

建设工程监理可以适用于工程投资决策阶段和实施阶段,但目前主要是对建设工程施工阶段进行监理。

1.2　建设工程监理性质、作用和任务

· 1.2.1　建设工程监理的性质 ·

1) 服务性

建设工程监理的服务性是由它的业务性质决定的。在工程建设中,监理人员利用自己的知识、技能和经验、信息以及必要的试验、检测手段,为建设单位提供项目管理和技术服务,并向建设单位收取一定数额的酬金。

工程监理企业既不直接进行工程设计,也不直接进行工程施工;既不向建设单位承包造价,也不参与承包单位的利益分成。建设工程监理是监理企业接受建设单位的委托而开展的服务性活动,直接服务的对象是建设单位。这种服务性活动是按照建设工程委托监理合同进行的,是受法律约束和保护的。

2) 科学性

建设工程监理应当遵循科学性准则。建设工程监理的科学性体现在为工程管理与工程技术提供知识服务上。监理的任务决定了监理应当采用科学的思想、理论、方法和手段,为建设单位提供服务。监理的社会化、专业化特点要求监理企业按照高智能原则组建工作团队。

按照建设工程监理的科学性要求,监理企业应当拥有足够数量的、业务素质合格的监理工程师,要有一套科学的管理制度,要掌握先进的监理理论、方法,要积累足够的技术、经济资料和数据,以及拥有现代化的监理手段;应有科学的工作态度和严谨的工作作风,能创造性地开展工作。

3) 公平性

我国工程监理单位受建设单位委托接受工程监理,需要公平地对待建设单位和施工单位。公平性是建设工程监理行业能够长期生存和发展的基本职业道德准则,特别是当建设单位与施工单位发生利益冲突或者矛盾时,工程监理单位应以事实为依据,以法律或有关合同为准绳,在维护建设单位合法权益的同时,不能损坏施工单位权益,应尽量客观、公平地对待建设单位和施工单位。

4) 独立性

从事建设工程监理活动的监理企业是直接参与工程项目建设的“三方当事人”之一,与项目建设单位、承包单位之间的关系是平等、横向的。在工程项目建设中,监理企业是独立的一方。《建设工程监理规范》(GB/T 50319—2013)明确要求,监理单位应公平、独立、诚信、科学地开展建设工程监理与相关活动。独立是工程监理单位公平地实施监理的基本前提。监理企

业在履行监理合同义务和开展监理活动的过程中,必须建立项目监理机构,按照自己的工作计划和程序,根据自己的判断,采用科学的方法和手段,独立地开展工作。

·1.2.2　建设工程监理的作用·

建设工程监理制度在我国实施时间虽然不长,但已经发挥出明显的作用,主要体现在以下4个方面:

(1)有利于提高建设工程投资决策科学化水平

在建设单位委托工程监理企业实施全方位、全过程监理的前提下,当建设单位有了初步的项目投资意向后,工程监理企业可协助建设单位选择适当的工程咨询机构,管理工程咨询合同的实施,并对咨询结果(如项目建议书、可行性研究报告)进行评估,提出有价值的修改意见和建议;或者直接从事工程咨询工作,为建设单位提供建设方案。这样,不仅可使项目投资符合国家经济发展规划、产业政策、投资方向,而且可使项目投资更加符合市场需求。工程监理企业参与或承担项目决策阶段的监理工作,有利于提高项目投资决策的科学化水平,避免项目投资决策失误,也为实现建设工程投资综合效益最大化打下良好的基础。

(2)有利于规范工程建设参与各方的建设行为

工程建设参与各方的建设行为都应当符合法律、法规、规章和市场准则。要做到这一点,仅仅依靠自律机制是远远不够的,还需要建立有效的约束机制。为此,首先需要政府对工程建设参与各方的建设行为进行全面的监督管理,这是最基本的约束,也是政府的主要职能之一。但是,由于客观条件所限,政府的监督管理不可能深入到每一项建设工程的实施过程中,因而,还需要建立另一种约束机制,能在建设工程实施过程中对工程建设参与各方的建设行为进行约束。建设工程监理制就是这样一种约束机制。

在建设工程实施过程中,工程监理企业可依据建设工程委托监理合同和有关的建设工程合同对承包单位的建设行为进行监督管理。由于这种约束机制贯穿于工程建设的全过程,因此可以采用事前、事中和事后控制相结合的方式,从而有效地规范各承包单位的建设行为,最大限度地避免不当建设行为的发生。即使出现不当建设行为,也可以及时加以制止,最大限度地减少其不良后果。应当说,这是约束机制的根本目的。另一方面,由于建设单位不了解建设工程有关的法律、法规、规章、管理程序和市场行为准则,也可能发生不当建设行为。在这种情况下,工程监理企业可以向建设单位提出适当的建议,从而避免不当建设行为的发生,这对规范建设单位的建设行为也可起到一定的约束作用。

当然,要发挥上述约束作用,工程监理企业必须首先规范自身的行为,并接受政府的监督管理。

(3)有利于促使承建单位保证建设工程质量和使用安全

建设工程是一种特殊的产品,不仅价值大、使用寿命长,而且还关系人民的生命财产安全、健康和环境。因此,保证建设工程质量和使用安全就显得尤为重要。工程监理企业对承包单位建设行为的监督管理,实际上是从产品需求者的角度对建设工程生产过程的管理,这与产品生产者自身的管理有很大的不同。而工程监理企业又不同于建设工程的实际需求者,工程监理企业的监理人员都是既懂工程技术又懂经济管理的专业人士,他们有能力及时发现建设工程实施过程中出现的问题,发现工程材料、设备以及阶段产品存在的问题,从而避免留下工程质量隐患。因此,在承包单位自身对工程质量加强管理的基础上,由工程监理企业介入建设工程生产过程的管理,对保证建设工程质量和使用安全有着重要作用。

（4）有利于实现建设工程造价效益最大化

建设工程造价效益最大化有以下3种不同表现形式：

①在满足建设工程预定功能和质量标准的前提下,建设造价额最少。

②在满足建设工程预定功能和质量标准的前提下,建设工程寿命周期费用（或全寿命费用）最少。

③建设工程本身的投资效益与环境、社会效益的综合效益最大化。

实行建设工程监理制之后,工程监理企业一般都能协助建设单位实现上述第1种表现,也能在一定程度上实现上述第2种和第3种表现。随着建设工程寿命周期费用思想和综合效益理念被越来越多的建设单位所接受,建设工程投资效益最大化的第2种和第3种表现越来越受到重视,从而大大地提高了我国的整体投资效益,促进了国民经济的发展。

· 1.2.3　建设工程监理的任务 ·

建设工程监理的中心任务是控制工程项目目标,也就是控制经过科学规划所确定的工程项目的造价、进度和质量目标。这三大目标是相互关联、互相制约的目标系统。

实现建设项目并不十分困难,而要使工程项目能够在计划的造价、进度和质量目标内实现则较为困难,而这正是社会需求建设工程监理的原因。建设工程监理正是为解决这样的困难和满足这种社会需求而出现的。因此,目标控制应成为建设工程监理的中心任务。

1.3　建设工程监理的方法

建设工程监理的基本方法是目标规划、动态控制、组织协调、信息管理及合同管理。它们相互联系、相互支持、共同运行,形成一个完整的建设工程监理方法体系。

· 1.3.1　目标规划 ·

目标规划是以实现目标控制为目的的规划和计划,是围绕工程项目造价、进度和质量目标进行研究确定、分解综合、安排计划、风险管理、制订措施等工作的集合。目标规划是目标控制的基础和前提,只有做好目标规划的各项工作才能有效地实施目标控制。

目标规划工作包括以下几个方面：

①正确确定造价、进度、质量目标或对已经初步确定的目标进行论证。

②按照目标控制的需要将各目标进行分解,使每个目标都形成一个既能分解又能综合的满足控制要求的目标划分系统,以便对目标实施控制。

③把工程项目实施的过程、目标和活动编制成计划,用动态的计划系统来协调和规范工程项目的实施,为实现预期目标构筑一条通路,使项目协调有序地达到预期目标。

④对计划目标的实现进行风险分析和管理,以便采取针对性的有效措施实施主动控制。

⑤制订各项目标的综合控制措施,力保项目目标的实现。

· 1.3.2　动态控制 ·

动态控制是开展建设工程监理活动时采用的基本方法。动态控制工作贯穿于工程项目的整个监理过程中。

动态控制，就是在工程项目的实施过程中，通过对过程、目标和活动的跟踪，全面、及时、准确地掌握建设工程信息，将实际目标值和建设工程状况与计划目标和状况进行对比，如果偏离了计划和标准的要求，就采取措施进行纠正，以便计划总目标的实现。这种控制是一个动态的、不断循环的过程，直至项目建成并交付使用。

· 1.3.3　组织协调 ·

组织协调与目标控制是密不可分的。协调的目的是实现项目目标。在监理过程中，当设计概算超过造价估算时，监理工程师要与设计单位进行协调，使设计与造价限额之间达成协议，既满足建设单位对项目的功能和使用要求，又力求项目费用不超过限定的造价额度；当施工进度影响项目动工时间时，监理工程师就要与承包单位进行协调，或改变投入，或修改计划，或调整目标，直到制订出一个解决问题的理想方案为止；当发现承包单位的管理人员不称职，给工程质量造成影响时，监理工程师要与承包单位进行协调，以确保工程质量。

组织协调包括项目监理组织内部人与人、机构与机构之间的协调。例如，项目总监理工程师与各专业监理工程师之间、各专业监理工程师之间的人际关系，以及纵向监理部门与横向监理部门之间关系的协调。组织协调还存在于项目监理组织与外部环境组织之间，其中主要是与项目建设单位、设计单位、承包单位、材料和设备供应单位，以及与政府有关部门、社会团体、咨询单位、科学研究、工程毗邻单位之间的协调。

· 1.3.4　信息管理及合同管理 ·

1）信息管理

工程建设监理离不开工程信息。在实施监理过程中，监理工程师要对所需要的信息进行收集、整理、处理、存储、传递、应用等一系列工作，这些工作总称为信息管理。

信息管理对工程建设监理是十分重要的。监理工程师在开展监理工作中要不断预测或发现问题，要不断进行规划、决策、执行和检查，而规划需要规划信息，决策需要决策信息，执行需要执行信息，检查需要检查信息。监理工程师在监理过程中主要的任务是进行目标控制，而控制的基础是信息。任何控制只有在信息的支持下才能有效地进行。

2）合同管理

监理单位在建设工程监理过程中的合同管理主要是根据监理合同的要求对工程承包合同的签订、履行、变更和解除进行监督和检查，对合同双方争议进行调解和处理，以保证合同的依法签订和全面履行。

合同管理对于监理企业完成监理任务是非常重要的。根据国外经验，合同管理产生的经济效益往往大于技术优化所产生的经济效益。一项工程合同，应当对参与建设项目各方的建设行为起控制作用，同时具体指导一项工程如何操作完成。所以，从这个意义上讲，合同管理起着控制整个项目实施的作用。例如，按照 FIDIC（国际咨询工程师联合会的法文简称）《土木工程施工合同条件》实施的工程，通过 72 条 194 项条款，详细地列出了在项目实施过程中所遇到的各方面问题，并规定了合同各方在遇到这些问题时的权利和义务，同时还规定了监理工程师在处理各种问题时的权限和职责，涉及了工程实施过程中经常发生的有关设备、材料、开工、停工、延误、变更、风险、索赔、支付、争议、违约等问题，以及财务管理、工程进度管理、工程质量管理等诸方面工作。

1.4 建设程序及建设工程监理制度

· 1.4.1 建设程序 ·

1)建设程序的概念

所谓建设程序,是指一项建设工程从策划、评估到决策,再经过设计、施工,直至投产或交付使用的整个过程中,应当遵循的内在规律。

按照建设工程的内在规律,投资建设一项工程应当经过投资决策、建设实施和交付使用3个发展时期。每个发展时期又可分为若干阶段,各阶段以及每个阶段内的各项工作之间存在着不能随意颠倒的严格的先后顺序关系。科学的建设程序应当在坚持"先勘察、后设计、再施工"的原则基础上,突出优化决策、竞争择优、委托监理的原则。

从事建设工程活动,必须严格执行建设程序。这是每一位建设工作者的职责,更是建设工程监理人员的重要职责。

按现行规定,我国一般大中型及限额以上项目将建设活动分成以下几个阶段:

①提出项目建议书。

②编制可行性研究报告。

③根据咨询、评估情况对建设项目进行决策。

④根据批准的可行性研究报告编制设计文件。

⑤初步设计批准后,做好施工前各项准备工作。

⑥组织施工,并根据施工进度做好生产或动用前准备工作。

⑦项目按照批准的设计内容建完,经投料试车验收合格并正式投产交付使用。

⑧生产运营一段时间,进行项目后评估。

项目建设与管理的程序与流程,如图1.1所示。

2)建设工程各阶段工作内容

(1)项目建议书阶段

项目建议书是向国家提出建设某一项目的建议性文件,是对拟建项目的初步设想。其主要作用是通过论述拟建项目建设的必要性、可行性,以及获利、获益的可能性,向国家推荐建设项目,供国家选择并确定是否进行下一步工作。

项目建议书的基本内容有:

①拟建项目的必要性和依据。

②产品方案、建设规模、建设地点初步设想。

③建设条件初步分析。

④投资估算和资金筹措设想。

⑤项目进度初步安排。

⑥效益估计。

按照规定,项目建议书根据拟建项目规模报送有关部门审批。大中型及限额以上项目的项目建议书应先报行业归口主管部门,同时抄送国家发展和改革委员会(以下简称"国家发改委")。行业归口主管部门初审同意后报国家发改委,国家发改委根据建设总规模、生产力总布局、资源优化配置、资金供应可能、外部协作条件等方面进行综合平衡,还要委托具有相应资质的工程咨询单位评估后审批。重大项目由国家计委报国务院审批。小型和限额以下项目的项目建议书,按项目隶属关系由部门或地方发改委审批。

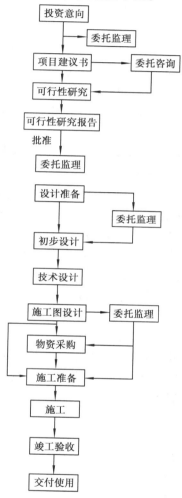

图 1.1 项目建设与管理的程序与流程

项目建议书批准后,项目可列入项目建设前期工作计划,可以进行下一步的可行性研究工作。

(2)可行性研究阶段

可行性研究是指在项目决策之前,通过调查、研究、分析与项目有关的工程、技术、经济等方面的条件和情况,对可能的多种方案进行比较论证,同时对项目建成后的经济效益进行预测和评价的一种投资决策分析研究方法和科学分析活动。其目的就是要论证建设项目在技术上是否先进,是否实用、可靠,在经济上是否合理,在财务上是否盈利,通过多方案比较,提出评价意见,推荐最佳方案,从而减少项目决策的盲目性,使建设项目的确定具有切实的科学性。

可行性研究是从项目建设和生产经营全过程分析项目的可行性,大体包括市场、技术和经济3个方面的研究,主要解决项目建设是否必要,技术方案是否可行,生产建设条件是否具备,项目建设是否经济合理等问题。

可行性研究的成果是可行性研究报告。经批准的可行性研究报告是项目最终决策文件,拟建项目正式立项。此时,根据实际需要设立项目法人,即组织建设单位。但一般改、扩建项目不单独设筹建机构,仍由原企业负责建设。

(3)设计阶段

设计是对拟建工程在技术和经济上进行全面的安排,是工程建设计划的具体化,是组织施工的依据。设计质量直接关系建设工程的质量,是建设工程的决定性环节。

经批准立项的建设工程,一般应通过招标投标择优选择设计单位。

一般工程进行两阶段设计,即初步设计和施工图设计。有些工程,根据需要可在两阶段设计之间增加技术设计。

①初步设计。初步设计是根据批准的可行性研究报告和设计基础资料,对工程进行系统研究,概略计算,做出总体安排,制订出具体实施方案。目的是在指定的时间、空间等限制条件下,在总投资控制的额度内和质量要求下,做出技术上可行、经济上合理的设计和规定,并编制工程总概算。初步设计不得随意改变批准的可行性研究报告所确定的建设规模、产品方案、工程标准、建设地址和总投资等基本条件。如果初步设计提出的总概算超过可行性研究报告总投资的10%以上,或者其他主要指标需要变更时,应重新向原审批单位报批。

②技术设计。为了进一步解决初步设计中的重大问题,如工艺流程、建筑结构、设备选型等,根据初步设计和进一步的调查研究资料进行技术设计。这样做可以使建设工程更具体、更完善、技术指标更合理。

③施工图设计。在初步设计或技术设计基础上进行施工图设计,使设计达到施工安装的要求。施工图设计应结合实际情况,完整、准确地表达出建筑物的外形、内部空间的分割、结构体系以及建筑系统的组成和周围环境的协调。《建设工程质量管理条例》规定,建设单位应将施工图设计文件报县级以上人民政府建设行政主管部门或其他有关部门审查,未经审查批准的施工图设计文件不得使用。

(4)施工准备阶段

工程开工前,应当切实做好各项准备工作。其中包括:组建项目法人;征地、拆迁和平整场地;水通、电通、路通;组织设备、材料订货;建设工程报监;委托工程监理;组织施工招标投标,优选施工单位;办理施工许可证;等等。

按规定做好准备工作,具备开工条件以后,建设单位申请开工。经批准,项目进入下一阶段,即施工安装阶段。

(5)施工安装阶段

建设工程具备了开工条件并取得施工许可证后才能开工。

按照规定,工程新开工时间是指建设工程设计文件中规定的任何一项永久性工程第1次正式破土开槽的开始日期。不需开槽的工程,以正式打桩作为正式开工日期。铁道、公路、水库等需要进行大量土石方工程的,以开始进行土石方工程作为正式开工日期。工程地质勘察、平整场地、旧建筑物拆除、临时建筑或设施等的施工不算正式开工。

本阶段的主要任务是按设计进行施工安装,建成工程实体。

在施工安装阶段,施工承包单位应当认真做好图纸会审工作,参加设计交底,了解设计意图,明确质量要求;选择合适的材料供应商;做好人员培训;编制好施工组织设计,合理组织施工;建立并落实技术管理、质量管理体系和质量保证体系;严格把好中间质量验收和竣工验收环节。

（6）生产准备阶段

工程投产前,建设单位应当做好各项生产准备工作。生产准备阶段是由建设阶段转入生产经营阶段的重要衔接阶段。在本阶段,建设单位应当做好相关工作的计划、组织、指挥、协调和控制工作。

生产准备阶段的主要工作有以下几项:

①组建管理机构,制定有关制度和规定。

②招聘并培训生产管理人员,组织有关人员参加设备安装、调试、工程验收。

③签订供货及运输协议。

④进行工具、器具、备品、备件等的制造或订货。

⑤其他需要做好的相关工作。

（7）竣工验收阶段

竣工验收是考核建设成果、检验设计和施工质量的关键步骤,是由投资成果转入生产或使用的标志。竣工验收合格后,建设工程方可交付使用。建设工程按设计文件规定的内容和标准全部完成,并按规定将工程内外全部清理完毕后,达到竣工验收条件,建设单位即可组织竣工验收,勘察、设计、施工、监理等有关单位应参加竣工验收。竣工验收后,建设单位应及时向建设行政主管部门或其他有关部门备案并移交建设项目档案。

建设工程自办理竣工验收手续后,因勘察、设计、施工、材料等原因造成的质量缺陷应及时修复,费用由责任方承担。保修期限、返修和损害赔偿应当遵照《建设工程质量管理条例》的规定。

1.4.2 建设工程监理制度

自 1988 年建设部发布《关于开展建设监理工作的通知》以来,我国的工程监理制度先后经历了试点、稳步发展和全面推行 3 个阶段:1988—1992 年,重点在北京、上海、天津等 8 个城市和交通、水电两个行业开展试点工作;1993—1995 年,全国地级以上城市稳步开展了工程监理工作;1995 年全国第六次建设工程监理工作会议明确提出,从 1996 年开始,在建设领域全面推行工程监理制度,并在 1997 年出台《建筑法》以法律形式作出规定。这些法律、法规的具体规定构成了我国建设工程监理制度的主要内容:

①一定范围内的建设工程项目实行强制性建设监理。

②建设工程监理企业实行资质管理。

③监理工程师实行考试注册和继续教育制度。

④从事监理工作可以合法获取监理酬金。

1)工程监理取得了明显的社会效益和经济效益

工程监理制度的推行,对控制工程质量、投资、进度发挥了重要作用,取得了明显效果,促进了我国工程建设管理水平的提高。

2）建设工程监理制度进一步完善了我国工程建设管理体制

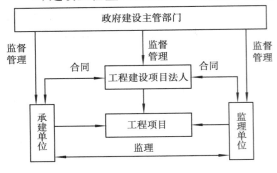

图1.2　工程建设项目管理体制的组织结构

建设工程监理制度与建设项目法人责任制、招标投标制、合同管理制共同组成了我国工程建设的基本管理体制,适应了我国社会主义市场经济条件下工程建设管理的需要。工程监理制度的推行,加快了我国工程建设组织实施方式向社会化、专业化方向转变的步伐,建立了工程建设各方主体之间相互协作、相互制约、相互促进的工程建设管理运行机制,促进了我国工程建设管理体制的进一步完善。我国工程建设项目建设管理体制的组织结构如图1.2所示。

3）工程监理法规体系初步建立

《建筑法》的颁布实施,确立了工程监理在建设活动中的法律地位;《建设工程质量管理条例》和《建设工程安全生产管理条例》的出台,进一步明确了工程监理在质量管理和安全生产管理方面的法律责任、权利和义务。为了规范工程监理行为,保障工程监理健康发展,建设部先后出台了《监理工程师资格考试和注册管理办法》《建设工程监理范围和规模标准规定》《工程监理企业资质管理规定》等部门规章;国务院铁道、交通、水利、信息产业等有关部门也出台了相应专业工程监理的部门规章。近几年来,一些省市相继出台了地方法规和规章,如浙江省于2001年出台了《浙江省建设工程监理管理条例》,深圳市于2002年出台了《深圳经济特区建设工程监理条例》,四川、河北等省也以省长令形式出台了监理规定。这些法律、法规和规章的出台,初步形成了我国工程监理的法规体系,为工程监理工作提供了法律保障。

1.5　建设工程监理实施程序和实施原则

· 1.5.1　监理工作的实施程序 ·

在监理企业与建设单位签订监理合同后,监理企业按监理合同要求正式开始对工程项目实施监理。工程项目施工阶段监理实施程序如图1.3所示。

①确定项目总监理工程师,成立项目监理机构。监理企业应根据项目的规模、性质,建设单位对监理的要求,委派称职的人员担任项目总监理工程师,总监理工程师对内向监理企业负责,对外向建设单位负责。同时,委派称职的人员担任项目专业监理工程师和监理员。

②编制建设工程监理规划。

③制订各专业监理细则。

④规范化地开展监理工作。规范化主要体现在:

a.工作的时序性。即监理的各项工作都是按一定的逻辑顺序展开的,从而保证监理工作的有序性,有效地达到监理工作目标。

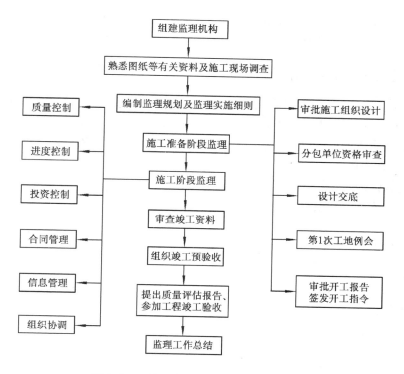

图 1.3   建设工程施工阶段监理实施程序

b. 职责分工的严密性。建设工程监理工作是由不同专业、不同层次的专家群体共同完成的。因此,严密的职责分工,是协调监理工作的前提和实现监理目标的重要保证。

c. 工作目标的确定性。在职责分工的基础上,每一项监理工作应达到的具体目标都应是确定的,完成的时间也应有时限规定,从而能通过报表资料对监理工作及其效果进行检查和考核。

⑤参与验收,签署建设工程监理意见。在建设工程施工完成后,监理企业应在正式验收前组织竣工预验收。在预验收中发现的问题,应及时与承包单位沟通,提出整改要求。承包单位按要求整改后,监理企业提出工程质量评估报告,并应参加建设单位组织的工程竣工验收,签署监理企业的意见。

⑥向建设单位提交建设工程监理档案资料。项目建设监理业务完成后,监理企业要向建设单位提交监理档案资料。提供的档案资料应在监理合同中约定,主要有监理设计变更、工程变更资料,监理指令性文件,各类签证资料和其他约定提交的档案资料。

⑦监理工作总结。项目监理机构应及时向建设单位和监理企业提交监理工作总结。监理工作总结主要包括以下内容:

a. 向业主提交的监理工作总结。内容包括建设监理委托合同履行情况概述;监理任务或目标完成情况评价;建设单位提供的供监理使用的办公用房、交通设备、实验设施等的清单;表明监理工作终结的说明。

b. 向社会监理企业提交工作总结。内容包括监理工作的经验,可采用的某种技术方法或经济组织措施的经验以及签订合同、协调关系的经验,监理工作中存在的问题及改进的建议等。

c. 监理工作中存在的问题及改进的建议,也应及时加以总结,以指导今后的监理工作,并向政府有关部门提出政策建议,不断提高我国建设工程监理的水平。

·1.5.2 建设工程监理工作内容·

建设工程监理工作的主要内容是控制工程建设的造价、建设工期和工程质量,进行工程建设合同管理和信息管理以及安全监管,协调有关单位的工作关系,即通称的"三控三管一协调",建设工程安全生产监管已成为法定职责。各阶段的具体工作内容如下:

(1)建设前期阶段

①投资决策咨询。

②编制项目建议书和项目可行性研究报告。

③项目评估。

(2)设计阶段

①审查和评选设计方案。

②选择勘察、设计单位。

③核查设计概算书。

(3)施工准备阶段

①协助建设单位编制招标文件。

②核查施工图设计和概(预)算书。

③协助建设单位组织招标投标活动。

④协助建设单位签订勘察、设计合同并监督合同的实施。

⑤协助建设单位与中标单位商签承包合同。

(4)施工阶段

①协助建设单位与承包单位编写开工报告。

②确认承包单位选择的分包单位。

③审批施工组织设计。

④下达开工令。

⑤审查承包单位提供的材料、设备采购清单。

⑥检查工程使用的材料、构件、设备的规格和质量。

⑦检查施工技术措施和安全防护设施。

⑧主持协商工程设计变更,超出委托权限的变更须报建设单位决定。

⑨督促履行承包合同,主持协商合同条款的变更,调解合同双方的争议,处理索赔事项。

⑩检查工程进度和施工质量,验收分部分项工程,签署工程付款凭证。

⑪督促整理承包合同文件和技术档案资料。

⑫组织工程预验收,编写工程质量评估报告。

⑬核查工程结算。

(5)工程保修阶段

在规定的保修期内,负责检查工程质量状况,鉴定质量问题责任,督促责任单位修正。

· 1.5.3　监理工作的实施原则 ·

①独立、自主、公平的原则。

②权责一致的原则。在监理合同和其他建设工程合同中应当体现这一原则,在监理企业与项目监理机构之间应当体现这一原则,在项目监理机构内部也应当体现这一原则。

③总监理工程师负责制的原则。总监理工程师在工程项目监理中应当成为监理责任主体、监理权力主体和利益主体。

④坚持严格监理,竭诚服务的原则。一方面,严格按照有关法律、法规、规范、标准实施监理,严格根据有关部门批准的建设工程文件进行监理,严格按照监理合同和其他建设工程合同开展监理;另一方面,要"运用合理的技能,谨慎而努力地工作"为委托者提供满意的服务,但是不能因此而一味地向承包单位转嫁风险,从而损害承包单位的正当经济利益。

⑤综合效益的原则。即不仅要维护建设单位的正当经济利益,还要维护社会公众利益和考虑环境效益。

1.6　监理相关法规及规范标准

· 1.6.1　监理相关法规 ·

1)建设工程法律法规体系

建设工程法律法规体系是指根据《立法法》的规定,制定和公布施行的有关建设工程的各项法律、行政法规、地方性法规、自治条例、单行条例、部门规章和地方政府规章的总称。

建设工程法律是指由全国人民代表大会及其常务委员会通过的规范工程建设活动的法律规范,由国家主席签署主席令予以公布,如《建筑法》等。建设工程行政法规是指由国务院根据宪法和法律制定的规范工程建设活动的各项法规,由总理签署国务院令予以公布,如《建设工程质量管理条例》等。建设工程部门规章是指建设部按照国务院规定的职权范围,独立或同国务院有关部门联合根据法律和国务院的行政法规、决定、命令,制定的规范工程建设活动的各项规章,属于建设部制定的由部长签署建设部令予以公布,如《工程监理企业资质管理规定》等。上述法律法规及规章的效力是:法律的效力高于行政法规;行政法规的效力高于部门规章。

2)与建设工程监理有关的建设工程法律法规及规章

经过多年的发展,我国基本形成了一套较为完善的监理工作的法律法规体系。这个体系包括法律、行政法规、部门规章以及地方法规和规范标准。

(1)法律

法律主要包括《建筑法》《合同法》《招标投标法》《土地管理法》《城市规划法》《城市房地产管理法》《环境保护法》《环境影响评价法》。

(2)行政法规

行政法规主要包括《建设工程质量管理条例》《建设工程勘察设计管理条例》《土地管理法

实施条例》《安全生产许可证条例》《建设工程安全生产管理条例》。

（3）部门规章

部门规章主要包括《工程监理企业资质管理规定》《注册监理工程师管理规定》《建设工程监理范围和规模标准规定》《建筑工程设计招标投标管理办法》《房屋建筑和市政基础设施工程施工招标投标管理办法》《评标委员会和评标方法暂行规定》《建筑工程施工发包与承包计价管理办法》《建筑工程施工许可管理办法》《建筑施工企业安全生产许可证管理规定》《实施工程建设强制性标准监督规定》《房屋建筑工程质量保修办法》《房屋建筑工程和市政基础设施工程竣工验收备案管理暂行办法》《建设工程施工现场管理规定》《建筑安全生产监督管理规定》《工程建设重大事故报告和调查程序规定》《城市建设档案管理规定》《房屋建筑工程施工旁站监理管理办法（试行）》《建筑施工企业安全生产许可证管理规定》。

监理工程师应当了解和熟悉我国建设工程法律法规规章体系，并熟悉和掌握其中与监理工作关系比较密切的法律法规和规章，以便依法进行工程监理和规范自己的监理行为。

· 1.6.2　《建筑法》·

1)《建筑法》出台的意义及基本内容

《建筑法》于1997年11月1日颁布，1998年3月1日施行。这是中华人民共和国成立以来建设领域的第一部大法，自颁布施行以来，在规范建筑活动、维护建筑市场秩序等方面起到了以往许多法规不可替代的作用。尤其是《建筑法》作为国家的法律，首先为建筑活动构建了一个基本的制度框架和法律基础。其后，配套法规的制定，《建筑法》的修订，都可以在此框架基础上发展，对全国建设立法工作起促进和推动作用。

《建筑法》共8章85条。第1章总则，共6条，是对《建筑法》的法律原则和有关法律概念的规定，其主要内容是《建筑法》的立法宗旨、《建筑法》的调整范围、国家对建筑活动和建筑业管理的基本政策等；作为《建筑法》主体的法律规范，为第2—7章，共74条，对建筑许可、建筑活动主体、建筑市场、建筑工程监理、建筑安全生产管理、建筑工程质量及违反本法的法律责任做了具体规定；《建筑法》的第8章附则，共5条，主要对《建筑法》的适用范围及生效日期等法律技术性问题作了规定。

2)《建筑法》中有关工程监理的条款

第三十条　国家推行建筑工程监理制度。国务院可以规定实行强制监理的建筑工程范围。

第三十一条　实行监理的建筑工程，由建设单位委托具有相应资质条件的工程监理单位监理。建设单位与其委托的工程监理单位应当订立书面委托监理合同。

第三十二条　建筑工程监理应当依照法律、行政法规及有关的技术标准、设计文件和建筑工程承包合同，对承包单位在施工质量、建设工期和建设资金使用等方面，代表设计单位实施监督。

工程监理人员认为工程施工不符合工程设计要求、施工技术标准和合同约定的，有权要求建筑施工企业改正。

工程监理人员发现工程设计不符合建筑工程质量标准或者合同约定的质量要求的，应当报告建设单位要求设计单位改正。

第三十三条　实施建筑工程监理前,建设单位应当将委托的工程监理单位、监理内容及监理权限,书面通知被监理的建筑施工企业。

第三十四条　工程监理单位应当在其资质等级许可的监理范围内,承揽工程监理业务。

工程监理单位应当根据建设单位的委托,客观、公正地执行监理任务。

工程监理单位与被监理工程的承包单位以及建筑材料、建筑构配件和设备供应单位不得有隶属关系或者其他利害关系。

工程监理单位不得转让工程监理业务。

第三十五条　工程监理单位不按照委托监理合同的约定履行监理义务,对应当监督检查的项目不检查或者不按照规定检查,给建设单位造成损失的,应当承担相应的赔偿责任。

工程监理单位与承包单位串通,为承包单位谋取非法利益,给建设单位造成损失的,应当与承包单位承担连带赔偿责任。

第六十九条　工程监理单位与建设单位或者建筑施工企业串通,弄虚作假、降低工程质量的,责令改正,处以罚款,降低资质等级证书或者吊销资质证书;有违法所得的,予以没收;造成损失的,承担连带赔偿责任;构成犯罪的,依法追究刑事责任。

工程监理单位转让监理业务的,责令改正,没收违法所得,可以责令停业整顿,降低资质等级;情节严重的,吊销资质证书。

第八十一条　本法关于施工许可、建筑施工企业资质审查和建筑工程发包、承包、禁止转包,以及建筑工程监理、建筑工程安全和质量管理的规定,适用于其他专业建筑工程的建筑活动,具体办法由国务院规定。

·1.6.3　《建设工程质量管理条例》·

1)《建设工程质量管理条例》出台的意义

2000 年 1 月 10 日国务院以第 279 号令颁布了《建设工程质量管理条例》(以下简称《质量管理条例》),它是中华人民共和国成立 50 年来,国务院颁布的第一个专门规范建设工程质量的法规,是《建筑法》颁布实施以来第一个配套的法规。它从我国建设市场的实际出发,总结我国工程质量管理的经验,并借鉴国际先进管理经验,运用政府和市场两种手段保证建设工程质量。它的颁布实施,对于我国进一步依法规范建筑市场,提高建设工程质量,确保人民生命财产安全,提高投资效益,具有重大的意义。

2)《质量管理条例》的特点

①《质量管理条例》体现了科学合理的调整范围和与之相适应的统分结合的管理体制。"统分结合"即"统一立法,分别监督"。《质量管理条例》规定国家实行建设工程质量监督管理制度。《质量管理条例》第四十三条规定:"国务院建设行政主管部门对全国的建设工程质量实施统一监督管理。国务院铁路、交通、水利等有关部门按照国务院规定的职责分工,负责对全国的有关专业建设工程质量的监督管理,县级以上地方人民政府建设行政主管部门对本行政区域内的建设工程质量实施监督管理。县级以上地方人民政府交通、水利等有关部门在各自的职责范围内,负责对本行政区域内的专业建设工程质量的监督管理。"这样,使多年存在的质量管理体制不顺、责任不清的问题得到解决。

②《质量管理条例》从工程建设的客观规律出发,明确和规范了参与建设工程各方主体的质量责任,构成了一个围绕工程质量的责任体系。工程质量和各方主体行为息息相关,尤其是建设单位要负整体责任。因此,《质量管理条例》特别明确了建设单位处于保证工程质量的主导地位。《质量管理条例》中关于与工程质量有关的责任主体的责任有32条,其中:建设单位11条、勘察设计单位7条、承包单位9条、监理企业5条,《质量管理条例》覆盖了与工程质量有关的全过程,改变了过去抓工程质量偏重抓承包单位、偏重抓技术性的状况;《质量管理条例》明确工程建设各方主体必须承担质量责任和义务的同时,对参与各方主体的市场行为也纳入质量管理范围,实行市场行为管理和工程质量管理的有机结合。

③《质量管理条例》强调了建设工程必须全过程严格贯彻国家技术标准。

④《质量管理条例》明确了政府对工程质量监督的法律地位,同时该条例还进一步完善了质量监督机构的职责,除重点监督建筑物结构安全、环保、消防安全外,还增加了审查施工图。审查施工图这一工作由政府认可的专门机构来完成。

⑤《质量管理条例》科学合理地设定了参与各方主体的法律责任,有法可依,有度限定。加大了对违法违规行为的处罚力度,特别是对故意行为处罚更为严厉,并把对人的处理包括进去。《质量管理条例》的执法主体是建设行政主管部门和《质量管理条例》中涉及的有关部门质量监督机构协助执法主体确保工程质量。

⑥《质量管理条例》的颁布为建立符合市场经济要求的政府质量管理体制迈出了关键的一步,是政府质量管理的一项重要改革。

⑦《质量管理条例》强化了工程建设监理在保证工程质量上的作用,同时对建设工程在使用阶段各方主体的权利和义务作了明确规定。

3)工程监理单位的质量责任和义务

①工程监理单位应当依法取得相应等级的资质证书,并在其资质等级许可的范围内承担工程监理业务。禁止工程监理单位超越本单位资质等级许可的范围或者以其他工程监理单位的名义承担工程监理业务。禁止工程监理单位允许其他单位或者个人以本企业的名义承担工程监理业务。工程监理单位不得转让工程监理业务。

②工程监理单位与被监理工程的承包单位以及建筑材料、建筑构配件和设备供应单位有隶属关系或者其他利害关系的,不得承担该项建设工程的监理业务。

③工程监理单位应当依照法律、法规以及有关技术标准、设计文件和建设工程承包合同,代表建设单位对施工质量实施监理,并对施工质量承担监理责任。

④工程监理单位应当选派具备相应资格的总监理工程师和监理工程师进驻施工现场。未经监理工程师签字,建筑材料、建筑构配件和设备不得在工程上使用或者安装,承包单位不得进行下一道工序的施工。未经总监理工程师签字,建设单位不拨付工程款,不进行竣工验收。

⑤监理工程师应当按照工程监理规范的要求,采取旁站、巡视和平行检验等形式,对建设工程实施监理。

· *1.6.4* 《建设工程安全生产管理条例》·

1)《建设工程安全生产管理条例》颁布实施的意义

《建设工程安全生产管理条例》(国务院令第393号,以下简称《安全管理条例》)已于2003

年11月24日颁布,自2004年2月1日起施行。《安全管理条例》是我国第一部规范建设工程安全生产的行政法规。《安全管理条例》的颁布是工程建设领域贯彻落实《建筑法》和《安全生产法》的具体表现,标志着我国建设工程安全生产管理进入法制化、规范化发展的新时期。

《安全管理条例》依据《建筑法》《安全生产法》对建筑安全生产管理提出了原则要求,针对建设工程安全生产中存在的主要问题,借鉴发达国家建设工程安全生产的成熟经验,确立了建设企业安全生产和政府监督管理的基本制度,规定了参与建设活动各方主体的安全责任,明确了建筑工人安全与健康的合法权益,是一部全面规范建设工程安全生产的专门法规,操作性强,对规范建设工程安全生产管理具有重要作用。《安全管理条例》的颁布实施对提高工程建设领域安全生产水平,确保人民生命财产安全、促进经济发展、维护社会稳定都具有十分重要的意义。各级建设行政主管部门要带头并带动所有参与建设工程的人员学习贯彻《安全管理条例》,加强依法行政的自觉性,提高依法行政的水平,使工程建设安全生产监督管理在法制化的道路上迈出重要的步伐。

2)《安全管理条例》的主要内容

《安全管理条例》强调"安全第一、预防为主"的方针,"以人为本、关爱生命",紧密结合建设工程安全生产特点和实际,确立了一系列建设工程安全生产管理制度。《安全管理条例》的调整范围包括:土木工程、建筑工程、线路管道和设备安装工程及装修工程等各类专业建设工程;新建、扩建、改建和拆除等各种建设活动;建设单位、勘察、设计、施工、监理、设备材料供应、设备机具租赁等和政府有关监督管理等参与建设活动的所有单位和部门。《安全管理条例》的主要内容有以下4个方面:

(1)《安全管理条例》确立了建设工程安全生产的基本管理制度

《安全管理条例》对政府部门、有关企业及相关人员的建设工程安全生产和管理行为进行了全面规范,确立了13项主要制度。其中,涉及政府部门的安全生产监管制度有以下7项:

①依法批准开工报告的建设工程和拆除工程备案制度。

②3类人员考核任职制度。承包单位的主要负责人、项目负责人、专职安全生产管理人员应当经建设行政主管部门或者其他有关部门考核合格后方可任职,考核内容主要是安全生产知识和安全管理能力。

③特种作业人员持证上岗制度。

④施工起重机械使用登记制度。

⑤政府安全监督检查制度。

⑥危及施工安全工艺、设备、材料淘汰制度。

⑦生产安全事故报告制度。

同时,《安全管理条例》对建设领域目前实施的市场准入制度中施工企业资质和施工许可制度,作了补充和完善:明确规定安全生产条件作为施工企业资质必要条件;明确建设行政主管部门审核发放施工许可证时,对建设工程是否有安全施工措施进行审查把关,没有安全施工措施的,不得颁发施工许可证。

《安全管理条例》进一步明确了施工企业的6项安全生产制度,即安全生产责任制度、安全生产教育培训制度、专项施工方案专家论证审查制度、施工现场消防安全责任制度、意外伤害保险制度和生产安全事故应急救援制度。《安全管理条例》对建设、勘察、设计和监理单位也据其特点规定了相应的安全制度和责任。

（2）《安全管理条例》规定了建设活动各方主体的安全责任

增强建设活动各方主体的安全意识、规范各方主体的安全行为，是有效控制和减少事故发生的治本之策。《安全管理条例》明确规定了各方主体应当承担的安全生产责任，包括建设单位、监理单位、承包单位。勘察、设计单位以及设备材料供应单位、机械设备租赁单位、起重机械和整体提升脚手架、模板安装、拆卸单位等其他有关单位的活动，都与建设工程安全生产密切相关，《安全管理条例》也规定了各方在建设工程活动中应当承担的安全责任。

（3）《安全管理条例》明确了建设工程安全生产监督管理体制

国务院负责安全生产监督管理的部门依照《安全生产法》的规定，对全国建设工程安全生产工作实施综合监督管理，其综合监督管理职责主要体现在对安全生产工作的指导、协调和监督上。国务院建设行政主管部门对全国的建设工程安全生产实施监督管理，国务院铁路、交通、水利等有关部门按照国务院规定的职责分工，负责有关专业建设工程安全生产的监督管理，其监督管理主要体现在结合行业特点制定相关的规章制度和标准并实施行政监管上；形成统一管理与分级管理、综合管理与专业管理相结合的管理体制，分工负责、各司其职、相互配合，共同做好安全生产监督管理工作。

（4）《安全管理条例》加大了对安全生产违法行为的处罚力度

《安全管理条例》对安全生产违法行为规定了应当承担的法律责任，规定明确具体，处罚力度大；不仅将有关条款与刑法衔接，还在有关条款中增加了民事责任，加大了行政处罚力度；规定了注册执业人员资格的处罚。

3）《安全管理条例》中有关工程监理的条款

第四条　建设单位、勘察单位、设计单位、施工单位、工程监理单位及其他与建设工程安全生产有关的单位，必须遵守安全生产法律、法规的规定，保证建设工程安全生产，依法承担建设工程安全生产责任。

第十四条　工程监理单位应当审查施工组织设计中的安全技术措施或者专项施工方案是否符合工程建设强制性标准。

工程监理单位在实施监理过程中，发现存在安全事故隐患的，应当要求施工单位整改；情况严重的，应当要求施工单位暂时停止施工，并及时报告建设单位。施工单位拒不整改或者不停止施工的，工程监理单位应当及时向有关主管部门报告。

工程监理单位和监理工程师应当按照法律、法规和工程建设强制性标准实施监理，并对建设工程安全生产承担监理责任。

第五十七条　违反本条例的规定，工程监理单位有下列行为之一的，责令限期改正；逾期未改正的，责令停业整顿，并处 10 万元以上 30 万元以下的罚款；情节严重的，降低资质等级，直至吊销资质证书；造成重大安全事故，构成犯罪的，对直接责任人员，依照刑法有关规定追究刑事责任；造成损失的，依法承担赔偿责任：

（一）未对施工组织设计中的安全技术措施或者专项施工方案进行审查的；

（二）发现安全事故隐患未及时要求施工单位整改或者暂时停止施工的；

（三）施工单位拒不整改或者不停止施工，未及时向有关主管部门报告的；

（四）未依照法律、法规和工程建设强制性标准实施监理的。

第五十八条　注册执业人员未执行法律、法规和工程建设强制性标准的，责令停止执业 3 个月以上 1 年以下；情节严重的，吊销执业资格证书，5 年内不予注册；造成重大安全事故的，终身不予注册;构成犯罪的,依照刑法有关规定追究刑事责任。

·1.6.5 《工程建设标准强制性条文》及《建设工程监理规范》·

1)《工程建设标准强制性条文》简介

工程建设标准是指建设工程设计、施工方法和安全保护的统一的技术要求及有关工程建设的技术术语、符号、代号、制图方法的一般原则。标准根据约束性不同可划分为强制性标准和推荐性标准;根据内容不同可划分为设计标准、施工及验收标准和建设定额;根据属性不同可分为技术标准、管理标准和工作标准;根据我国标准的分级有国家标准、地方标准和企业标准。我国现行的工程建设标准体制是强制性与推荐性标准相结合的体制。工程建设标准体制改革的目标就是建立技术法规与技术标准相结合的管理体制。《工程建设标准强制性条文》(以下简称《强制性条文》)的出台正是我国工程建设标准体制改革的重要举措。

《强制性条文》出台不仅是进一步加强房屋建筑工程质量的保证,也是按《管理条例》实行处罚的依据和工程建设标准体制深化改革的起点。

《工程建设标准强制性条文》是《建设工程质量管理条例》的配套文件,是工程建设强制性标准实施监督的依据,具备法律性质。《工程建设标准强制性条文》的内容是摘录现行工程建设标准中直接涉及人民生命财产安全、人身健康、环境保护和其他公众利益的规定,同时也包括保护资源、节约投资、提高经济效益和社会效益等政策要求,必须严格贯彻执行。《工程建设标准强制性条文》对设计、施工人员来说,是设计或施工时必须绝对遵守的技术法规。《工程建设标准强制性条文》对监理人员来说,是实施工程监理时首先要进行监理的内容。《工程建设标准强制性条文》对政府监督人员来说,是重要的、可操作的处罚依据。

2)《建设工程监理规范》简介

由建设部会同有关部门共同制定的国家标准《建设工程监理规范》(GB 50319—2000)(以下简称《监理规范》)自2001年5月1日起施行(GB/T 50319—2013于2014年3月1日实施)。这是我国第一个规范工程监理活动的国家标准,是我国建立和推行工程监理制度十多年来实践经验的科学总结,标志着我国工程监理制度迈上了一个新的台阶。

《监理规范》的颁布和实施,使我国工程监理制度进一步走上法制化、标准化、规范化的轨道,对于完善工程监理制度,规范工程监理行为,提高工程监理水平具有十分重要的意义。

《监理规范》(GB 50319—2000)分总则、术语、项目监理机构及其设施、监理规划及监理实施细则、施工阶段的监理工作、施工合同管理的其他工作、施工阶段监理资料的管理、设备采购监理与设备监造共8个部分;《监理规范》(GB/T 50319—2013)分总则、术语、项目监理机构及其设施、监理规划及监理实施细则、工程质量造价进度控制及安全生产管理的监理工作、工程变更索赔及施工合同争议处理、监理文件资料管理、设备采购与设备监造、相关服务共计9个部分。两版《监理规范》均另附有监理工作的基本表式。

复习思考题 1

1.1 何谓建设工程监理？其概念要点是什么？

1.2 建设工程监理有哪些基本性质？

1.3 建设工程监理的任务是什么？

1.4 简述建设工程监理的基本方法。

1.5 我国建设工程监理制度的主要内容有哪些？

1.6 试述工程项目施工阶段的建设监理程序。

1.7 《质量管理条例》中工程监理企业的质量责任和义务有哪些？

1.8 《安全管理条例》中要求工程监理企业应做的工作有哪些？

2 监理企业、项目监理机构及监理工程师

2.1 监理企业

·2.1.1 监理企业的资质管理·

建设工程监理企业,一般是指取得监理企业资质证书,具有法人资格的从事工程监理业务的经济组织。它是监理工程师的执业机构,包括专门从事监理业务的独立的监理公司、监理事务所,也包括取得监理资质的工程设计、科学研究、工程建设咨询及工程项目管理的单位。建设工程监理企业是建筑市场的三大主体之一。建设部为了加强对工程监理企业资质管理,维护建筑市场秩序,保证建设工程质量、工期和投资效益,制定了《工程监理企业资质管理规定》。

1)工程监理企业资质

工程监理企业资质是企业技术能力、管理水平、业务经验、经营规模、社会信誉等综合性实力指标。对工程监理企业实行资质管理的制度是我国政府实行市场准入控制的有效手段。

工程监理企业应当按照其拥有的注册资本、专业技术人员和工程监理业绩等资质条件申请资质,经审查合格,取得相应等级的资质证书后,方可在其资质等级许可范围内从事工程监理活动。工程监理企业的资质分为综合资质、专业资质和事务所资质。综合资质和事务所资质不分等级。专业资质分为甲级、乙级和丙级,按照工程性质和技术特点分为14个专业工程类别,每个专业工程类别按照工程规模或技术复杂程度又分为一、二、三等。

工程监理企业的资质等级标准如下:

(1)综合资质标准

①企业技术负责人应当具有15年以上从事工程建设工作的经历或具有工程类高级职称,应为注册监理工程师。

②取得监理工程师注册证书的人员不少于60人,注册造价工程师不少于5人,一级注册建造师、一级注册建筑师、一级注册结构工程师及其他勘察设计注册工程师累计不少于15人次。

③注册资本不少于600万元。

④企业具有完善的组织结构和质量管理体系,有健全的技术、档案等管理体系。

⑤具有5个以上工程类别的专业甲级工程监理资质。

⑥企业具有必要的工程试验检测设备。

⑦申请工程监理资质之日前 1 年内没有规定禁止的行为。

⑧申请工程监理资质之日前 1 年内没有因本企业监理责任造成重大质量事故。

⑨申请工程监理资质之日前 1 年内没有因本企业监理责任发生生产安全事故。

（2）专业资质标准

●甲级

①企业技术负责人应当具有 15 年以上从事工程建设工作的经历，应为注册监理工程师，具有工程类高级职称。

②注册监理工程师、注册造价工程师、一级注册建造师、一级注册建筑师、一级注册结构工程师及其他勘察设计注册工程师累计不少于 25 人次。其中，相应专业的注册监理工程师不少于《专业资质注册监理工程师人数配备表》（见表 2.1）中要求配备的人数，注册造价工程师不少于 2 人。

表 2.1　专业资质注册监理工程师人数配备表

单位：人

序　号	工程类别	甲　级	乙　级	丙　级
1	房屋建筑工程	15	10	5
2	冶金工程	15	10	—
3	矿山工程	20	12	—
4	化工石油工程	15	10	—
5	水利水电工程	20	12	5
6	电力工程	15	10	—
7	农林工程	15	10	—
8	铁路工程	23	14	—
9	公路工程	20	12	5
10	港口与航道工程	20	12	—
11	航空航天工程	20	12	—
12	通信工程	20	12	—
13	市政公用工程	15	10	5
14	机电安装工程	15	10	—

注：表中各专业资质注册监理工程师人数配备是指企业取得本专业工程类别注册的注册监理工程师人数。

③注册资本不少于 300 万元。

④近两年内独立监理过 3 个以上相应专业的二级工程项目，但是，具有甲级设计资质或一级及以上施工总承包资质的企业申请本专业工程类别甲级资质的除外。

⑤企业具有完善的组织结构和质量管理体系，有健全的技术、档案等管理体系。

⑥企业具有必要的工程试验检测设备。

⑦申请工程监理资质之日前 1 年内没有规定禁止的行为。

⑧申请工程监理资质之日前 1 年内没有因本企业监理责任造成重大质量事故。

⑨申请工程监理资质之日前 1 年内没有因本企业监理责任发生生产安全事故。

● 乙级

①企业技术负责人应当具有 10 年以上从事工程建设工作的经历,应为注册监理工程师。

②取得监理工程师注册证书的人员不少于 15 人。

③注册资本不少于 100 万元。

④注册监理工程师、注册造价工程师、一级注册建造师、一级注册建筑师、一级注册结构工程师及其他勘察设计注册工程师累计不少于 15 人次。其中,相应专业的注册监理工程师不少于《专业资质注册监理工程师人数配备表》(见表 2.1)中要求配备的人数,注册造价工程师不少于 1 人。

⑤企业具有完善的组织结构和质量管理体系,有健全的技术、档案等管理体系。

⑥企业具有必要的工程试验检测设备。

⑦申请工程监理资质之日前 1 年内没有规定禁止的行为。

⑧申请工程监理资质之日前 1 年内没有因本企业监理责任造成重大质量事故。

⑨申请工程监理资质之日前 1 年内没有因本企业监理责任发生生产安全事故。

● 丙级

①企业技术负责人应当具有 8 年以上从事工程建设工作的经历,应为注册监理工程师。

②相应专业的注册监理工程师不少于《专业资质注册监理工程师人数配备表》(见表2.1)中要求配备的人数。

③注册资本不少于 50 万元。

④有必要的质量管理体系和规章制度。

⑤有必要的工程试验检测设备。

(3)事务所资质标准

①取得合伙企业营业执照,具有书面合作协议。

②合伙人中有 3 名以上注册监理工程师,合伙人均有 5 年以上从事建设工程监理工作的经历。

③有固定的工作场所。

④有必要的质量管理体系和规章制度。

⑤有必要的工程试验检测设备。

(4)业务范围

①综合资质:可以承担所有专业工程类别建设工程项目的工程监理业务。

②甲级资质:可以承担相应专业工程类别建设工程项目的工程监理业务。

③乙级资质:可以承担相应专业工程类别二级以下(含二级)建设工程项目的工程监理业务。

④丙级资质:可以承担相应专业工程类别三级以下建设工程项目的工程监理业务。

⑤事务所资质:可以承担三级建设工程项目的工程监理业务,但国家规定必须实行监理的工程除外。

此外,工程监理企业都可以开展相应建设工程的项目管理、技术咨询等业务。

2)工程监理企业的资质管理

对工程监理企业的资质管理,能从制度上保证工程监理企业的业务能力和清偿债务的能力。工程监理企业资质管理的内容,主要包括对工程监理企业的设立、定级、升级、降级、变更和终止等的资质审查或批准及资质年检工作。工程监理企业在分立或合并时,要按照新设立工程监理企业的要求重新审查其资质等级并核定其业务范围,颁发新核定的资质证书。工程监理企业有破产、倒闭、撤销、歇业的,应当将资质证书交回原发证机关予以注销。

我国工程监理企业资质管理的原则是"分级管理,统分结合",按中央和地方两个层次进行管理。中央级是由国务院建设行政主管部门负责全国工程监理企业资质的归口管理工作;地方级是指省、自治区、直辖市人民政府建设行政主管部门负责其行政区域内工程监理企业资质的归口管理工作。

(1)工程监理企业资质申请程序

新设立的工程监理企业申请资质,应首先到工商行政管理部门登记注册并取得企业法人营业执照后,方可到企业注册所在地的县级以上地方人民政府建设行政主管部门申请手续。此时,应当向建设行政主管部门提供下列资料:工程监理企业资质申请表;企业法人营业执照;企业章程;企业负责人和技术负责人的工作简历、监理工程师注册证书等有关证明材料;工程监理人员的监理工程师注册证书;需要出具的其他有关证件、资料。工程监理企业申请资质升级,除向建设行政主管部门提供上述资料外,还应当提供下列资料:企业原资质证书正、副本;企业的财务决算年报表;《监理业务手册》及已完成代表工程的监理合同、监理规划及监理工作总结。

(2)工程监理企业资质的审批程序

①综合监理企业资质、甲级工程监理企业资质,经省、自治区、直辖市人民政府建设行政主管部门审核同意后,由国务院建设行政主管部门组织专家评审,并提出初审意见;其中涉及铁道、交通、水利、信息产业、民航工程等方面工程监理企业资质的,由省、自治区、直辖市人民政府建设行政主管部门商同级有关专业部门审核同意后,报国务院建设行政主管部门,国务院建设行政主管部门应当自省、自治区、直辖市人民政府建设行政主管部门受理申请材料之日起60日内完成审查,公示审查意见,公示时间为10天。

②专业乙、丙级和事务所资质,由企业注册所在地省、自治区、直辖市人民政府建设行政主管部门审批;省、自治区、直辖市人民政府建设行政主管部门应当自作出决定之日起10日内,将准予资质许可的决定报国务院建设行政主管部门。其中,交通、水利、通信等方面的工程监理企业资质,由省、自治区、直辖市人民政府建设行政主管部门征得同级有关部门初审同意后审批。申请乙、丙级工程监理企业资质的,实行即时审批或者定期审批,由省、自治区、直辖市人民政府建设行政主管部门规定。

③新设立的工程监理企业,其资质等级按照最低等级核定,并设1年的暂定期。

④工程监理企业资质条件符合资质等级标准,且未发生下列8条违法违规行为的,建设行政主管部门颁发相应资质等级的《工程监理企业资质证书》。

a.与建设单位或者工程监理企业之间相互串通投标,或者以行贿等不正当手段谋取中标的;

b.与建设单位或者施工单位串通,弄虚作假、降低工程质量的;

c.将不合格的建设工程、建筑材料、建筑构配件和设备按照合格签字的;

d.超越本单位资质等级承揽监理业务的;

e.允许其他单位或个人以本单位的名义承揽工程的;

f.转让工程监理业务的;

g. 因监理责任而发生过三级以上工程建设重大质量事故或者发生过两次以上四级工程建设质量事故的；

h. 其他违反法律法规的行为。

（3）工程监理企业资质年检

建设行政主管部门对工程监理企业资质实行年检制度。工程监理企业实行资质年检，是政府对监理企业实行动态管理的重要手段。

①资质年检的负责部门。一般资质年检由资质审批部门负责。甲级工程监理企业资质，由国务院建设行政主管部门负责年检。其中，铁道、交通、水利、信息产业、民航等方面的工程监理企业资质，由国务院建设行政主管部门会同国务院有关部门联合年检。乙、丙级工程监理企业资质，由企业注册所在地省、自治区、直辖市人民政府建设行政主管部门负责年检。其中，交通、水利、通信等方面的工程监理企业资质，由建设行政主管部门会同同级有关部门联合年检。

②资质年检的内容。检查工程监理企业资质条件是否符合资质等级标准，检查工程监理企业是否存在质量、市场行为等方面的违法违规行为。

③资质年检的程序。工程监理企业在规定时间内向建设行政主管部门提交《工程监理企业资质年检表》《工程监理企业资质证书》《监理业务手册》以及工程监理人员变化情况及其他有关资料，并交验《企业法人营业执照》。建设行政主管部门会同有关部门在收到工程监理企业年检资料后40日内，对工程监理企业资质年检作出结论，并记录在《工程监理企业资质证书》副本的年检记录栏内。

④资质年检结论。工程监理企业年检结论分为合格、基本合格、不合格3种。

工程监理企业资质条件符合资质等级标准，且在过去1年内未发生前述8条违法违规行为的，年检结论为合格。

工程监理企业资质条件中监理工程师注册人员数量、经营规模未达到资质标准，但不低于资质等级标准的80%，其他各项均达到标准要求，且在过去1年内未发生前述8条违法违规行为的，年检结论为基本合格。

有下列情形之一的，工程监理企业的资质年检结论为不合格：

a. 资质条件中监理工程师注册人员数量、经营规模的任何一项未达到资质等级标准的80%，或者其他任何一项未达到资质等级标准；

b. 有前述8条违法违规行为之一的，已经按照法律、法规的规定予以降低资质等级处罚的行为，年检中不再重复追究。

工程监理企业资质年检不合格或者连续两年基本合格的，建设行政主管部门应当重新核定其资质等级。新核定的资质等级应当低于原资质等级，达不到最低资质等级标准的，取消资质。工程监理企业连续两年年检合格，方可申请晋升上一个资质等级。在规定时间内没有参加资质年检的工程监理企业，其资质证书自行失效，且1年内不得重新申请资质。

· 2.1.2　工程监理企业组织形式 ·

根据《公司法》，公司制工程监理企业主要有两种形式，即有限责任公司和股份有限公司。

1）有限责任公司

（1）公司设立条件

有限责任公司由50个以下股东出资设立。设立有限责任公司，应当具备下列条件：

①股东符合法定人数。

②股东出资达到法定资本最低限额。

③股东共同制订公司章程。

④有公司名称,建立符合有限责任公司要求的组织机构。

⑤有公司住所。

（2）公司注册资本

有限责任公司的注册资本为在公司登记机关登记的全体股东认缴的出资额。公司全体股东的首次出资额不得低于注册资本的20%,也不得低于法定的注册资本最低限额,其余部分由股东自公司成立之日起2年内缴足;其中,投资公司可以在5年内缴足。

有限责任公司注册资本的最低限额为人民币3万元,但一个自然人或法人有限责任公司的注册资本最低限额为人民币10万元。

（3）公司组织机构

①股东会。有限责任公司股东会由全体股东组成。股东会是公司的权力机构,依照《公司法》行使职权。

②董事会。有限责任公司设董事会,其成员为3～13人。股东人数较少或者规模较小的有限责任公司,可以设一名执行董事,不设董事会。执行董事可以兼任公司经理。

③经理。有限责任公司可以设经理,由董事会决定聘任或者解聘。经理对董事会负责,行使公司管理职权。

④监事会。有限责任公司设监事会,其成员不得少于3人。股东人数较少或者规模较小的有限责任公司,可以设1～2名监事,不设监事会。

2）股份有限公司

股份有限公司的成立,可以采取发起设立或者募集设立的方式。发起设立是指由发起人认购公司应发行的全部股份而设立公司。募集设立是指由发起人认购公司应发行股份的一部分,其余股份向社会公开募集或者向特定对象募集而设立公司。

（1）公司设立条件

设立股份有限公司,应当有2人以上、200人以下为发起人,其中须有半数以上的发起人在中国境内有住所。设立股份有限公司,应当具备下列条件:

①发起人符合法定人数。

②发起人认购和募集的股本达到法定资本最低限额。

③股份发行、筹办事项符合法律规定。

④发起人制订公司章程,采用募集方式设立的须经创立大会通过。

⑤有公司名称,建立符合股份有限公司要求的组织机构。

⑥有公司资本。

（2）公司注册资本

股份有限公司采取发起设立方式设立的,注册资本为在公司登记机关登记的全体发起人认购的股本总额。公司全体发起人的首次出资不得低于注册资本的20%,其余部分由发起人自公司成立之日起2年内缴足;其中,投资公司可以在5年之内缴足。在缴足前,不得向他人募集股份。

股份有限公司采取募集方式设立的,注册资本为在公司登记机关登记的实收股本总额。

股份有限公司注册资本的最低限额为人民币 500 万元。

（3）公司组织机构

①股东大会。股份有限公司股东大会由全体股东组成。股东大会是公司的权力机构，依照《公司法》行使职权。

②董事会。股份有限公司设董事会，其成员为 5～19 人。上市公司需要设立独立董事和董事会秘书。

③经理。股份有限公司设经理，由董事会决定聘任或解聘。公司董事会可以决定由董事会成员兼任经理。

④监事会。股份有限公司设监事会，其成员不得少于 3 人。

· 2.1.3　监理企业的经营管理 ·

工程监理企业从事建设工程监理活动时，应当遵循"守法、诚信、公平、科学"的经营管理准则。

（1）守法

守法即遵守国家的法律法规。对于工程监理企业来说，守法即依法经营，主要体现在：

①工程监理企业只能在核定的业务范围内开展经营活动。

②工程监理企业不得伪造、涂改、出租、出借、转让和出卖资质等级证书。

③认真履行监理合同。

④去外地经营监理业务，要向当地建设部门注册备案，遵守当地监理法规等。

⑤遵守国家关于企业法人的其他法律、法规的规定。

（2）诚信

监理企业在监理活动中，应当做到忠诚、老实，讲信用、重信誉，竭诚为客户服务；应当运用合理的技能，为建设单位提供与其水平相适应的咨询意见，认真、勤奋地工作，协助建设单位实现预定的目标。

（3）公平

公平，是指工程监理企业在监理活动中既要维护建设单位的利益，又不能损害承包单位的合法权益，同时还要根据合同公平合理地处理建设单位与承包单位之间的争议。

工程监理企业要做到公平，必须做到以下几点：

①要具有良好的职业道德。

②要坚持实事求是。

③要熟悉建设工程合同有关条款。

④要提高专业技术能力。

⑤要提高综合分析判断问题的能力。

（4）科学

监理企业的监理活动要依据科学的方案、手段和方法开展建设工程监理活动和其他技术服务。实现科学化管理主要体现在以下 3 个方面：

①科学的方法。建设工程监理方案主要是指监理规划和监理细则。在建设项目实施工程监理前，要尽可能准确地预测出各种可能出现的问题，有针对性地拟订解决办法，制订切实可行、行之有效的监理规划和监理实施细则，使各项监理活动都纳入计划管理轨道。

②科学的手段。实施建设工程监理，必须借助于先进的设备，如各种检测、试验、化验仪器，摄录像设备及计算机等。

③科学的方法。监理工作的科学方法主要体现在监理人员在掌握大量有关监理对象及其外部环境实际情况的基础上，适时、妥贴、高效地处理有关问题，解决问题要用事实说话，用书面文字说话、用数据说话；要开发、利用计算机信息平台和软件辅助建设工程监理。

2.2 项目监理机构

监理单位与建设单位签订委托监理合同后，在实施建设工程监理之前，首先应根据监理工作内容及工程项目特点建立与建设工程监理活动相适应的项目监理机构。项目监理机构的组织形式和规模，应根据委托监理合同规定的服务内容、服务期限、工程类别、规模、技术复杂程度、工程环境等因素确定。

· 2.2.1 建立项目监理机构的步骤 ·

1）确定项目监理机构目标

建设工程监理目标是项目监理机构建立的前提。项目监理机构应根据建设工程委托监理合同中确定的监理目标，制订总目标并明确划分监理机构的分解目标。

2）确定监理工作内容

根据监理目标和委托监理合同中规定的监理任务，明确列出监理工作内容，并进行分类归并及组合。这是项目监理机构设计工作的一项重要内容。

对监理工作进行归并及组合应以便于控制监理目标为目的，并综合考虑监理工程的组织管理模式、工程结构特点、合同工期要求、工程复杂程度、工程管理及技术特点；此外还应考虑监理企业自身组织管理水平、监理人员数量、技术业务特点等因素。如果建设工程实施全过程监理，监理工作可按设计阶段和施工阶段分别进行归并和组合。如果建设工程只进行施工阶段监理，监理工作可按投资、进度、质量目标进行归并和组合。

3）项目监理机构的组织结构设计

（1）选择组织结构形式

由于建设工程规模、性质、建设阶段等的不同，设计项目监理机构的组织结构时，应选择适宜的组织结构形式以适应监理工作的需要。组织结构形式选择的基本原则是有利于工程合同管理，有利于监理目标控制，有利于决策指挥和信息沟通。

（2）合理确定管理层次与管理跨度

项目监理机构中一般应有以下3个层次：

①决策层。决策层由总监理工程师和其助手组成。其主要任务是根据建设项目委托监理合同的要求和监理活动特点与内容进行科学化、程序化决策与管理。

②中间控制层（协调层和执行层）。中间控制层由各专业监理工程师组成，具体负责监理规划的落实，监理目标控制及合同实施的管理，属承上启下管理层次。

③作业层(操作层)。作业层主要由监理员,检查员等组成,具体负责监理活动的操作实施。

项目监理机构中管理跨度的确定应考虑监理人员的素质、管理活动的复杂性和相似性、监理业务的标准化程度、各项规章制度的建立健全情况、建设工程的集中或分散情况等,按监理工作实际需要确定。

(3)项目监理机构部门划分

项目监理机构中合理划分各职能部门,应依据监理机构目标、监理机构可利用的人力和物力资源及合同情况,将投资控制、进度控制、质量控制、合同管理、组织协调、安全监理等监理工作内容,合理划分项目监理机构的各职能部门。

(4)制订岗位职责及考核标准

岗位职务及职责的确定要有明确的目的性,不可因人设事;根据责权一致的原则,应进行适当的授权,以承担相应的职责,并应确定考核标准,对监理人员的工作进行定期考核,包括考核内容、考核标准及考核时间。

(5)选派监理人员

根据监理工作的任务,选择适当的监理人员。监理人员的选择除应考虑个人素质外,还应考虑人员总体构成的合理性与协调性。监理人员应包括总监理工程师、专业监理工程师和监理员,必要时可配备总监理工程师代表。

· 2.2.2 项目监理机构的组织形式 ·

项目监理机构的组织形式是指项目监理机构具体采用的管理组织结构,应根据建设项目的特点、建设工程组织管理模式、建设单位委托的监理任务及监理单位自身情况而确定。常用的项目监理机构组织形式有以下几种:

1)直线制监理组织形式

直线制监理组织形式的特点是项目监理机构中任何一个下级只接受唯一一个上级的命令。各级部门主管人员对所属部门的问题负责,项目监理机构中不再另设职能部门。直线制组织形式适用于能划分为若干相对独立的子项目的大中型建设工程,对建设工程实施全过程监理的项目监理机构及小型的建设工程。

其主要优点是组织机构简单、权力集中、命令统一、职责分明、决策迅速、隶属关系明确;缺点是实行没有职能部门的"个人管理",这就要求总监理工程师博晓各种业务,通晓多种知识技能,成为"全能"式人物。

2)职能制监理组织形式

职能制监理组织形式是在监理机构内设立一些职能部门,把相应的监理职责和权力交给职能部门,各职能部门在本职能范围内有权直接指挥下级。此种组织形式一般适用于大中型建设工程。

其主要优点是大大加强了项目监理目标控制的职能化分工,能够发挥职能机构的专业管理作用,提高管理效率,减轻总监理工程师负担。缺点是由于指挥权力分散,易造成职责不清,由于下级人员受多个上级领导,如果上级指令相互矛盾,则下级在工作中将无所适从。

3)直线职能制监理组织形式

直线职能制监理组织形式是吸收了直线制监理组织形式和职能制监理组织形式的优点而

构成的一种组织形式。这种组织形式把管理部门和人员分为两类:一类是直线指挥部门的人员,他们拥有对下级实行指挥和发布命令的权力,并对该部门的工作全面负责;另一类是职能部门和人员,他们是直线指挥人员的参谋,只能对下级部门进行业务指导,而不能对下级部门直接进行指挥和发布命令。

其主要优点是保持了直线制组织形式实行直线领导、统一指挥、职责清楚的优点;另一方面又保持了职能制使目标管理专业化的优点。缺点是职能部门与指挥部门易产生矛盾,信息传递路线长,不利于互通情报。

4)矩阵制监理组织形式

矩阵制监理组织形式是由纵横两套管理系统组成的矩阵制组织结构:一套是纵向的职能系统,另一套是横向的子项目系统。

该形式的优点是加强了各职能部门的横向联系,具有较大的机动性和适应性;把上下左右集权与分权实行最优的结合;有利于解决复杂难题;有利于监理人员业务能力的培养。缺点是纵横向协调工作量大,处理不当会造成扯皮现象,产生矛盾。

· 2.2.3 项目监理机构的人员配备及职责分工 ·

1)项目监理机构的人员配备

项目监理机构中监理人员的数量和专业应根据监理的任务范围、内容、期限、专业类别,以及工程的类别、规模、技术复杂程度、工程环境等因素综合考虑,并应符合委托监理合同中对监理深度和密度的要求,能体现监理机构的整体素质,满足监理目标控制的要求。

(1)项目监理机构的人员结构

监理工作的特点要求项目监理机构要有合理的人员结构。合理的人员结构不仅要求专业结构合理,即各专业人员配套,还要求有合理的技术职务和职称结构。

各监理岗位人员的组织应合理。监理工程师办公室各专业部门负责人等各类高级监理人员,一般应占监理总人数的10%以上;各类专业监理工程师中中级专业监理人员,一般应占监理总人数的40%;各类专业工程师助理及辅助人员等初级监理人员,一般应占监理总人数40%;行政及事务人员,一般应控制在监理总人数的10%以内。

(2)项目监理机构监理人员数量的确定

监理人员的数量要满足对工程项目进行质量、进度、费用和合同管理的需要,一般应按每年计划完成的投资额并结合工程的技术等级、工程种类、复杂程度、设计深度、当地气候、工地地形、施工工期、施工方法等实际因素,综合进行测算确定。

①影响项目监理机构人员数量的主要因素:

a.工程建设强度,即单位时间内投入建设工程资金的数量;

b.建设工程复杂程度;

c.监理企业的业务水平;

d.项目监理机构的组织结构和任务职能分工。

②项目监理机构人员数量的确定方法:

a.项目监理机构人员需要量定额;

b.确定工程建设强度;

c. 确定工程复杂程度;

d. 根据工程复杂程度和工程建设强度套用监理人员需要量定额;

e. 根据实际情况确定监理人员数量。

2)项目监理机构各类人员的基本职责

(1)总监理工程师的职责

①确定项目监理机构人员的分工和岗位职责。

②主持编写项目监理规划、审批项目监理实施细则,并负责管理项目监理机构的日常工作。

③组织审查分包单位的资质,并提出审查意见。

④检查和监督监理人员的工作,根据工程项目的进展情况可进行监理人员调配,对不称职的监理人员应调换其工作。

⑤主持监理工作会议,签发项目监理机构的文件和指令。

⑥组织审定承包单位提交的开工报告、施工组织设计、技术方案、进度计划。

⑦组织审核签署承包单位的申请、支付证书和竣工结算。

⑧组织审查和处理工程变更。

⑨主持或参与工程质量事故的调查。

⑩调解建设单位与承包单位的合同争议,处理索赔,审批工程延期。

⑪组织编写并签发监理月报、监理工作阶段报告、专题报告和项目监理工作总结。

⑫审核签认分部工程和单位工程的质量检验评定资料,审查承包单位的竣工申请,组织监理人员对验收的工程项目进行质量检查,参与工程项目的竣工验收。

⑬主持整理工程项目的监理资料。

(2)总监理工程师代表的职责

①负责总监理工程师指定或交办的监理工作。

②按总监理工程师的授权,行使总监理工程师的部分职责和权力。总监理工程师不得将下列工作委托给总监理工程师代表:

a. 主持编写项目监理规划、审批项目监理实施细则;

b. 签发工程开工/复工报审表、工程暂停令、工程款支付证书、工程竣工报验单;

c. 审核签认竣工结算;

d. 调解建设单位与承包单位的合同争议,处理索赔,审批工程延期;

e. 根据工程项目的进展情况进行监理人员的调配,调换不称职的监理人员。

(3)专业监理工程师的职责

①负责编制本专业的监理实施细则。

②负责本专业监理工作的具体实施。

③组织、指导、检查和监督本专业监理员的工作,当人员需要调整时,向总监理工程师提出建议。

④审查承包单位提交的涉及本专业的计划、方案、申请、变更,并向总监理工程师提出报告。

⑤负责本专业分项工程验收及隐蔽工程验收。

⑥定期向总监理工程师提交本专业监理工作实施情况报告,对重大问题及时向总监理工程师汇报和请示。

⑦根据本专业监理工作实施情况做好监理日记。

⑧负责本专业监理资料的收集、汇总及整理,参与编写监理月报。

⑨核查进场材料、设备、构配件的原始凭证、检测报告等质量证明文件及其质量情况,根据实际情况认为有必要时对进场材料、设备、构配件进行平行检验,合格时予以签认。

⑩负责本专业的工程计量工作,审核工程计量的数据和原始凭证。

(4)监理员的职责

①在专业监理工程师的指导下开展现场监理工作。

②检查承包单位投入工程项目的人力、材料、主要设备及其使用、运行状况,并作好检查记录。

③复核或从施工现场直接获取工程计量的有关数据并签署原始凭证。

④按设计图及有关标准,对承包单位的工艺过程或施工工序进行检查和记录,对加工制作及工序施工质量的检查结果进行记录。

⑤担任旁站工作,发现问题及时指出并向专业监理工程师报告。

⑥作好监理日记和有关的监理记录。

2.3　监理工程师

·2.3.1　监理工程师的注册和继续教育·

1)监理工程师的注册

监理工程师的注册是政府对监理从业人员实行市场准入控制的有效手段。监理工程师经注册,即表明获得了政府对其以监理工程师名义从业的行政许可,因而具有相应工作岗位的责任和权利。仅取得《监理工程师执业资格证书》,没有取得《监理工程师注册证书》的人员,不具备这些权利,也不承担相应的责任。

根据注册内容不同,监理工程师的注册分为3种形式:初始注册、延续注册和变更注册。监理工程师根据其所学专业、工作经历、工程业绩,按专业注册,每人最多可以申请两个专业注册,并且只能在一家具有建设工程勘察、设计、施工、监理、招标代理、造价咨询等一项或多项资质的企业注册。

(1)初始注册

经考试合格,取得《监理工程师执业资格证书》的,可自资格证书签发之日起3年内提出初始注册申请。

①申请初始注册应具备的条件:

a.经全国注册监理工程师执业资格统一考试合格,取得资格证书;

b.受聘于一个相关单位;

c.达到继续教育要求。

②申请初始注册须提供的材料:

a.监理工程师注册申请表;

b.申请人的资格证书和身份证复印件;

c.申请人与聘用单位签订的聘用劳动合同复印件；

d.所学专业、工作经历、工程业绩、工程类中级及中级以上职称证书等有关证明材料。

③申请注册程序：

a.申请人向聘用单位提出申请。

b.聘用单位同意后，将注册申请材料上报聘用单位工商注册所在地的省、自治区、直辖市人民政府建设主管部门。

c.省、自治区、直辖市人民政府建设主管部门受理后提出初审意见，并将初审意见和全部申请材料报国务院建设主管部门审批。

符合条件的，由国务院建设主管部门核发注册证书和执业印章。省、自治区、直辖市人民政府建设主管部门初审合格后，报国务院建设主管部门。

d.国务院建设主管部门对初审意见进行审核，符合条件的，由国务院建设主管部门核发统一印制的《监理工程师注册证书》和执业印章。注册证书和执业印章是注册监理工程师的执业凭证，由注册监理工程师本人保管、使用。

国务院建设主管部门随时受理监理工程师的注册申请，并实行公示、公告制度，对符合注册条件的进行网上公示，经公示未提出异议的予以批准确认。

（2）延续注册

监理工程师每一注册有效期为3年，注册有效期满需继续执业的，应当在注册有效期满30日前申请延续注册。延续注册须提交下列材料：

①申请人延续注册申请表；

②申请人与聘用单位签订的聘用劳动合同复印件；

③申请人注册有效期内达到继续教育要求的证明材料。

延续注册的有效期为3年，从准予延续注册之日起计算。

（3）变更注册

监理工程师注册后，如果注册内容发生变更，如变更执业单位、注册专业等，应当向原注册管理机构办理变更注册。变更注册须提交下列材料：

①申请人变更注册申请表。

②申请人与新聘用单位签订的聘用劳动合同复印件。

③申请人的工作调动证明。

④在注册有效期内或有效期届满，变更注册专业的，应提供与申请注册专业相关的工程技术、工程管理工作经历和工程业绩证明，以及满足相应专业继续教育要求的证明材料。

⑤在注册有效期内，因所在聘用单位名称发生变更的，应提供聘用单位新名称的营业执照复印件。

（4）不予初始注册、延续注册或者变更注册的情形

注册申请人有下列情形之一的，不予初始注册、延续注册或者变更注册：

①不具备完全民事行为能力。

②刑事处罚尚未执行完毕或因从事工程监理或者相关业务受到刑事处罚，自刑事处罚执行完毕之日起至申请注册之日止不满两年。

③未达到监理工程师继续教育要求。

④在两个或者两个以上单位申请注册。

⑤以虚假的职称证书参加考试并取得资格证书。

⑥年龄超过 65 周岁。

⑦法律、法规规定不予注册的其他情形。

2)监理工程师的继续教育

注册监理工程师在每一注册有效期内,应达到国务院建设主管部门规定的继续教育要求。继续教育作为注册监理工程师逾期初始注册、延续注册和重新申请注册的条件之一。

继续教育分为必修课和选修课,在每一注册有效期内各为 48 学时。

· 2.3.2　监理工程师的素质及职业道德 ·

1)监理工程师的素质

①较高的专业学历和复合型的知识结构。要成为一名监理工程师,至少应具有工程类大专以上学历,并应了解或掌握一定的工程建设经济、法律和组织管理等方面的理论知识,熟悉设计、施工、管理,还要有组织、协调能力,不断了解新技术、新设备、新材料、新工艺,熟悉与工程建设相关的现行法律法规、政策规定,成为一专多能的复合型人才,持续保持较高的知识水准。

②丰富的工程建设实践经验。

③良好的品德。监理工程师的良好品德主要体现在以下几个方面:

a. 热爱本职工作;

b. 具有科学的工作态度;

c. 具有廉洁奉公、为人正直、办事公正的高尚情操;

d. 能够听取不同方面的意见,冷静分析问题;

④健康的体魄和充沛的精力。

2)监理工程师的职业道德

①维护国家的荣誉和利益,按照"守法、诚信、公平、科学"的准则执业。

②执行有关建设工程的法律、法规、规范、标准和制度,履行监理合同规定的义务和职责。

③努力学习专业技术和建设工程监理知识,不断提高业务能力和监理水平。

④不以个人名义承揽监理业务。

⑤不同时在两个或两个以上监理企业注册和从事监理活动,不在政府部门和施工、材料设备的生产供应等单位兼职。

⑥不为所监理项目指定承包单位、建筑构配件、设备、材料和施工方法。

⑦不收受被监理单位的任何礼品、礼金和有价证券等。

⑧不泄露所监理工程各方认为需要保密的事项。

⑨坚持独立自主地开展工作。

· 2.3.3　监理工程师资格考试 ·

1)监理工程师资格制度的建立和发展

注册监理工程师是实施工程监理制的核心和基础。1990 年,原建设部人事司按照有利于国家经济发展、得到社会公认、具有国际可比性、事关社会公共利益等四项原则,率先在工程建设领域建立了监理工程师执业资格制度,以考核形式确认了100名监理工程师执业资格;随后,又相继认定了两批监理工程师职业资格,前后共认定了1059名监理工程师。实行监理工程师职业资格制度的意义:一是与工程监理制度紧密衔接;二是统一监理工程师执业能力标准;三是强化工程监理人员执业责任;四是促进工程监理人员努力钻研业务知识,提高业务水平;五是合理建立工程监理人才库,优化调整市场资源结构;六是便于开拓国际工程监理市场。1992年6月,原建设部发布了《监理工程师资格考试和注册试行办法》(建设部第18号令),明确了监理工程师考试、注册的实施方式和管理程序,我国从此开始实施监理工程师执业资格考试。

1993年,原建设部、人事部印发《关于〈监理工程师资格考试和注册试行办法〉实施意见的通知》(建监〔1993〕415号),提出加强对监理工程师资格考试和注册工作的统一领导与管理,并提出了实施意见。1994年,原建设部与人事部在北京、天津、上海、山东、广东五省市组织了监理工程师执业资格试点考试。1996年8月,原建设部、人事部发布《建设部、人事部关于全国监理工程师执业资格考试工作的通知》(建监〔1996〕462号),从1997年开始,监理工程师执业资格考试实行全国统一管理、统一考纲、统一命题、统一时间、统一标准的办法,考试工作由建设部、人事部共同负责。监理工程师职业资格考试合格者,由各省、自治区、直辖市人事(职改)部门颁发人事部统一印制的人事部与建设部共同用印的《中华人民共和国监理工程师执业资格证书》,该证书在全国范围内有效。截至2013年底,取得监理工程师资格证书的人员已达21万余人。

2)监理工程师资格考试科目及考报条件

(1)监理工程师资格考试科目

监理工程师执业资格考试原则上每年举行一次,考试时间一般安排在5月下旬,考点在省会城市设立,考试设置4个科目,即建设工程监理基础理论与相关法规,建设工程合同管理,建设工程质量、投资、进度控制,建设工程监理案例分析。其中,建设工程监理案例分析为主观题,在试卷上作答;其余3科均为客观题,在答题卡上作答。考试以两年为一个周期,参加全部科目考试的人员须在连续两个考试年度内通过全部科目的考试。免试部分科目的人员须在一个考试年度内通过应试科目。

(2)监理工程师执业资格报考条件

凡中华人民共和国公民,具有工程技术或工程经济专业大专(含)以上学历,遵纪守法并符合以下条件之一者,均可报名参加监理工程师资格考试:

①具有按照国家有关规定评聘的工程技术或工程经济专业中级专业技术职务,并任职满3年。

②具有按照国家有关规定评聘的工程技术或工程经济专业高级专业技术职务。

(3)免试部分科目的条件

对从事工程建设监理工作并同时具备下列4项条件的报考人员可免试建设工程合同管理和建设工程质量、投资、进度控制2个科目:

①1970年(含)以前工程技术或工程经济专业大专(含)以上毕业;

②具有按照国家有关规定评聘的工程技术或工程经济专业高级专业技术职务;

③从事工程设计或工程施工管理工作15年(含)以上;

④从事监理工作1年(含)以上。

（4）港澳居民报考条件

根据《关于同意香港、澳门居民参加内地统一组织的专业技术人员资格考试有关问题的通知》（国人部发〔2005〕9号），凡符合监理工程师资格考试相应规定的香港、澳民居民均可按照文件规定的程序和要求报名参加考试。

报名时间及方法：报名时间一般为上一年的12月份（以当地人事考试部门公布的时间为准）。报考者由本人提出申请，经所在单位审核同意后，携带有关证明材料到当事人考试管理机构办理报名手续。

3）内地监理工程师与香港建筑测量师的资格互认

根据《关于建立更紧密经贸关系的安排》（CEPA协议），为加强内地监理工程师和香港建筑测量师的交流与合作，促进两地共同发展，2006年，中国建设监理协会与香港测量师学会就内地监理工程师和香港建筑测量师资格互认工作进行了考察评估，双方对资格互认工作的必要性及可行性达成了共识，同意在互惠互认、对等、总量与户籍控制等原则下，实施内地监理工程师与香港建筑测量师资格互认，签署《内地监理工程师和香港建筑测量师资格互认协议》，内地255名监理工程师及香港228名建筑测量师取得了互认资格。

·2.3.4　监理工程师的法律责任·

监理工程师的法律责任建立在法律法规和委托监理合同的基础上。因而，监理工程师法律责任的表现行为主要有两方面：一方面是违反法律法规的行为；另一方面是违反合同约定的行为。

1）违反法律法规的行为

现行法律法规对监理工程师的法律责任专门作了具体规定。这些法律责任包括刑事责任、民事责任及行政责任。例如：

《中华人民共和国刑法》第一百三十七条规定，建设单位、设计单位、施工单位、工程监理单位违反国家规定，降低工程质量标准，造成重大安全事故的，对直接责任人员，处5年以下有期徒刑或者拘役，并处罚金；后果特别严重的，处5～10年以下有期徒刑，并处罚金。

《中华人民共和国建筑法》第六十八条规定，在工程发包与承包中索贿、受贿、行贿，构成犯罪的，依法追究刑事责任……第六十九条规定，工程监理单位与建设单位或者建筑施工企业串通，弄虚作假、降低工程质量……造成损失的，承担连带赔偿责任；构成犯罪的，依法追究刑事责任。

《建设工程质量管理条例》第三十六条规定，建设单位、设计单位、施工单位、工程监理单位违反国家规定，降低工程质量标准，工程监理单位应当依照法律、法规以及有关技术标准、设计文件和建设工程承包合同，代表建设单位对施工质量实施监理并对施工质量承担监理责任。第七十四条规定，建设单位、设计单位、施工单位、工程监理单位违反国家规定，降低工程质量标准，造成重大安全事故，构成犯罪的，对直接责任人员依法追究刑事责任。

2）违约行为

监理工程师一般主要受聘于工程监理企业，从事工程监理业务。工程监理企业是订立委托监理合同的当事人，是法定意义的合同主体。但委托监理合同在具体履行时，是由监理工程师代表监理企业来实现的。因此，如果监理工程师出现工作过失，违反了合同约定，其行为将被视为监理企业违约，由监理企业承担相应的违约责任。当然，监理企业在承担违约赔偿责任后,有权在企业内部向有相应过失行为的监理工程师索赔部分损失。所以,由监理工程师个人过失引发的合同违约行为,监理工程师应当与监理企业承担一定的连带责任。其连带责任的基础是监理企业与监理工程师签订的聘用协议或责任保证书,或监理企业法定代表人对监理工程师签发的授权委托书。一般来说,授权委托书应包含职权范围和相应责任条款。

· 2.3.5　建设工程监理的服务收费 ·

建设工程监理及相关服务收费根据建设项目的性质不同,分别实行政府指导价或市场调节价。依法必须实行监理的建设施工阶段的监理收费实行政府指导价,其他建设工程阶段的监理收费和其他阶段的监理与相关服务收费实行市场调节价。

实行政府指导价的建设工程施工阶段的监理收费,其基准价根据《建设工程监理及相关服务收费标准》计算,浮动幅度为上下20%。发包人和监理人应当根据建设工程的实际情况在规定的浮动幅度内协商确定收费额。实行市场调节价的建设工程监理及相关服务收费,由发包人和监理人协商确定收费额。

建设工程监理与相关服务收费,应当体现优质优价的原则。在保证工程质量的前提下,由于建设工程监理与相关服务节省投资,缩短工期,取得显著经济效益的,发包人可根据合同约定奖励监理人。

1)建设工程施工监理服务计算方式

铁路、水运、公路、水电、水库工程的施工监理服务收费按建筑安装工程费分档定额计费方式计算收费,其他工程的施工监理服务收费按照建设项目工程概算投资额分档定额计费方式计算收费。

(1)施工监理服务收费的计算

施工监理服务收费按照下列公式计算:

施工监理服务收费 = 施工监理服务收费基准价 × (1 ± 浮动幅度值)

(2)施工监理服务收费基准价的计算

施工监理服务收费基准价是按照收费标准计算出的施工监理服务基准收费额。发包人与监理人根据项目的实际情况在规定的浮动幅度范围内协商确定施工监理服务收费合同额。

施工监理服务收费基准价 = 施工监理服务收费基价 × 专业调整系数 × 工程复杂程度调整系数 × 高程调整系数

●施工监理服务收费基价　施工监理服务收费基价是完成国家法律法规、行业规范规定的施工阶段监理服务内容的酬金。施工监理服务收费基价按表2.2确定,计费额处于两个数值区间的,可采用直线内插法确定施工监理服务收费基价。

表 2.2　施工监理服务收费基价表

单位:万元

序　号	计费额	收费基价	序　号	计费额	收费基价
1	500	16.5	6	10 000	218.6
2	1 000	30.1	7	20 000	393.4
3	3 000	78.1	8	40 000	708.2
4	5 000	120.8	9	60 000	991.4
5	8 000	181.0	10	80 000	1 255.8

续表

序　号	计费额	收费基价	序　号	计费额	收费基价
11	100 000	1 507.0	14	600 000	6 835.6
12	200 000	2 712.5	15	800 000	8 658.4
13	400 000	4 882.6	16	1 000 000	10 390.1

注:计费额大于 1 000 000 万元的,以计费额乘以 1.039% 的收费率计算收费基价。其他未包含的收费由
　　双方协商议定。

● 施工监理服务收费调整系数　施工监理服务收费标准的调整系数包括专业调整系数、
工程复杂程度调整系数、高程调整系数。

①专业调整系数是对不同专业建设项目的施工监理工作复杂程度和工作量差异进行调整
的系数。计算施工监理服务收费时,专业调整系数在表2.3中查找确定。

表 2.3　施工监理服务收费专业调整系数表

工程类别	专业调整系数
1. 矿山采选工程	
黑色、有色、黄色、化工、非金属及其他矿山采选工程	0.9
选煤及其他煤炭工程	1.0
矿井工程、铀矿采选工程	1.1
2. 加工冶炼工程	
冶炼工程	0.9
船舶水工工程、各类加工工程	1.0
核加工工程	1.2
3. 石油化工工程	
石油工程	0.9
化工、石化、化纤、医药工程	1.0
核化工工程	1.2
4. 水利电力工程	
风力发电、其他水利工程	0.9
火电工程、送变电工程	1.0
核电、水电、水库工程	1.2
5. 交通运输工程	
机场场道、助航灯光工程	0.9
铁路、公路、城市道路、轻轨及机场空管工程	1.0
水运、地铁、桥梁、隧道、索道工程	1.1
6. 建筑市政工程	
园林绿化工程	0.9
建筑、人防、市政公用工程	1.0
邮电、电信、广播电视工程	1.0
7. 农业林业工程	
农业工程	0.9
林业工程	1.0

②工程复杂程度调整系数是对同一专业建设工程的施工监理复杂程度和工作量差异进行调整的系数。工程复杂程度分为一般、较复杂、复杂 3 个等级,其调整系数分别为:一般(Ⅰ级)0.85,较复杂(Ⅱ级)1.0,复杂(Ⅲ级)1.15。计算施工监理服务收费时,工程复杂程度在相应章节的《工程复杂程度表》中查找确定。

③高程调整系数如下:

a.海拔高程 2 001 m 以下的为 1;

b.海拔高程 2 001 ~ 3 000 m 为 1.1;

c.海拔高程 3 000 ~ 3 500 m 为 1.2;

d.海拔高程 3 500 ~ 4 000 m 为 1.3;

e.海拔高程 4 001 m 以上的,高程调整系数由发包人和监理人协商确定。

(3)施工监理服务收费的计费额

施工监理服务收费以建设项目工程概算投资额分档定额计费方式收费的,其计费额为工程概算中的建筑安装工程费、设备购置费和联合试运转费之和,即工程概算投资额。设备购置费和联合试运转费占工程概算投资额 40% 以上的工程项目,其建筑安装工程费全部计入计费额,设备购置费和联合试运转费按 40% 的比例计入计费额。但其计费额不应小于建筑安装工程费与其相同且设备购置费和联合试运转费等于工程概算投资额 40% 的工程项目的计费额。

工程中有利用原有设备并进行安装调试服务的,以签订工程监理合同时同类设备的当期价格作为施工监理服务收费的计费额;工程中有援配设备的,应扣除签订工程监理合同时同类设备的当期价格作为施工监理服务收费的计费额;工程中有引进设备的,按照购进设备的离岸价格折算成人民币作为施工监理服务收费的计费额。

施工监理服务收费以建筑安装工程费分档定额计费方式收费的,其计费额为工程概算中的建筑安装工程费。作为施工监理服务收费计费额的建设项目工程概算投资额或建筑安装工程费均指每个监理合同中约定的工程项目范围的投资额。

(4)施工监理部分发包与联合承揽服务收费的计算

①发包人将施工监理服务中的某一部分工作单独发包给监理人,按照其占施工监理服务工作量的比例计算施工监理服务收费,其中质量控制和安全生产监督管理服务收费不宜低于施工监理服务收费总额的 70% 。

②建设工程项目施工监理服务由两个或者两个以上监理人承担的,各监理人按照其占施工监理服务工作量的比例计算施工监理服务收费。发包人委托其中一个监理人对建设工程项目施工监理服务总负责的,该监理人按照各监理人合计监理服务收费额的 4% ~ 6% 向发包人收取总体协调费。

2)其他阶段的相关服务计费方式

其他阶段的相关服务收费一般按相关服务工作所需工日和表 2.4 的规定收费。

表 2.4　建设工程监理及相关服务人员工日费用标准

建设工程监理与相关服务人员职级	工日费用标准/元
高级专家	1 000 ~ 1 200
高级专业技术职称的监理与己相关服务人员	800 ~ 1 000
中级专业技术职称的监理与己相关服务人员	600 ~ 800
初级及以下专业技术职称的监理与己相关服务人员	300 ~ 600

复习思考题 2

2.1 工程监理企业的资质等级有哪些?

2.2 工程监理企业资质管理的内容有哪些?

2.3 监理企业经营活动的基本准则是什么?

2.4 简述建立项目监理机构的步骤。

2.5 总监理工程师的职责是什么?

2.6 监理工程师的职责是什么?

2.7 监理工程师的素质及职业道德是什么?

2.8 监理工程师的法律责任有哪些?

3 监理规划系列文件

3.1 监理大纲

· 3.1.1 监理大纲的概念及作用 ·

1）监理大纲的概念

监理大纲又称监理方案，是监理企业在业主（建设单位）开始委托监理的过程中，特别是在业主进行监理招标过程中，为承揽监理业务而编写的监理方案性文件。

2）监理大纲的作用

监理企业编制监理大纲有以下两个作用：一是使业主认可监理大纲中的监理方案，从而承揽到监理业务；二是为项目监理机构今后开展监理工作制订基本的方案。为使监理大纲的内容和监理实施过程紧密结合，监理大纲的编制人员应当是监理企业经营部门或技术管理部门人员，也应包括拟定的总监理工程师。总监理工程师参与编制监理大纲有利于监理规划的编制。

· 3.1.2 监理大纲的主要内容 ·

监理大纲的内容应根据业主所发布的监理招标文件的要求制订，一般来说应该包括以下主要内容：

①拟派往项目监理机构的监理人员情况介绍。在监理大纲中，监理企业需要介绍拟派往所承揽或投标工程的项目监理机构的主要监理人员，并对他们的资格情况进行说明。其中，应该重点介绍拟派往投标工程的项目总监理工程师的情况，这往往决定承揽监理业务的成败。

②拟采用的监理方案。监理企业应当根据业主所提供的工程信息，并结合自己为投标所初步掌握的工程资料，制订出拟采用的监理方案。监理方案的具体内容包括项目监理机构的方案、建设工程三大目标的具体控制方案、工程建设各种合同的管理方案、项目监理机构在监理过程中进行组织协调的方案等。

③提供给业主的阶段性监理文件。在监理大纲中，监理企业还应该明确未来工程监理工作中向业主提供的阶段性的监理文件，这将有助于满足业主掌握工程建设过程的需要，有利于监理单位顺利承揽该建设工程的监理业务。

3.2 监理规划

·3.2.1 监理规划的概念及作用·

1)监理规划的概念

监理规划是监理企业接受业主委托并签订委托监理合同之后,在项目总监理工程师的主持下,根据委托监理合同,在监理大纲的基础上,结合工程的具体情况,广泛收集工程信息和资料的情况下制订,经监理企业技术负责人批准,用来指导项目监理机构全面开展监理工作的指导性文件。

2)监理规划的作用

①指导项目监理机构全面开展监理工作。建设工程监理的目的是协助业主实现建设工程的总目标。为了实现建设工程总目标,需要制订计划,建立组织机构,指导项目监理机构全面开展监理工作,这正是监理规划的基本作用。因此,监理规划需要对项目监理机构开展的各项监理工作作出全面、系统的组织和安排。它包括确定监理工作目标,制订监理工作程序,确定目标控制、合同管理、信息管理、组织协调等各项措施和确定各项工作的方法和手段。

②监理规划是工程建设监理主管机构对监理企业实施监督管理的重要依据。为使我国整个建设工程监理行业能够达到应有的水平,政府建设监理主管机构对建设工程监理企业要实施监督、管理和指导,对其人员素质、专业配套和建设工程监理业绩要进行核查和考评,以确认其资质和资质等级。政府建设监理主管机构在对监理企业进行考核时,应当重视对监理规划的检查,这是由于监理企业的实际水平可从监理规划及其实施中充分表现出来。

③监理规划是业主确认监理企业是否全面、认真履行监理合同的主要依据。监理规划是指导项目监理企业全面开展监理工作的指导性文件,同时也是项目监理企业如何落实业主委托监理企业所承担的各项监理服务工作、如何履行监理合同的一个说明性文件。业主能够依照监理规划来监督监理合同的履行情况。

④监理规划是监理企业内部考核的依据和重要的存档资料。从监理企业内部管理制度化、规范化、科学化的要求出发,需要对各项目监理企业(包括总监理工程师和专业监理工程师)的工作进行考核,其主要依据就是经过内部主管负责人审批的监理规划。通过考核,可以对有关监理人员的监理工作水平和能力作出客观、公正的评价,从而有利于今后在其他工程上更加合理地安排监理人员,提高监理工作效率。从建设工程监理控制的过程可知,监理规划的内容必然随着工程的进展而逐步调整、补充和完善。它在一定程度上真实地反映了一个建设工程监理工作的全貌,是监理工作过程的记录。因此,它是工程监理企业的重要存档资料。

·3.2.2 监理规划的编写依据·

1)工程建设方面的法律、法规

①国家颁布的有关工程建设的法律、法规。
②工程所在地或所属部门颁布的工程建设相关的法规、规定和政策。

③工程建设的各种标准、规范。

2）建设工程外部环境调查研究资料

（1）自然条件方面的资料

自然条件方面的资料包括建设工程所在地点的地质、水文、气象、地形，以及自然灾害发生情况等方面的资料。

（2）社会和经济条件方面的资料

社会和经济条件方面的资料包括建设工程所在地政治局势、社会治安、建筑市场状况、相关单位（勘察和设计单位、施工单位、材料和设备供应单位、工程咨询和建设工程监理单位）、基础设施（交通设施、通信设施、公用设施、能源设施）、金融市场情况等方面的资料。

3）政府批准的工程建设文件

政府批准的工程建设文件主要包括以下两个方面：

①政府工程建设主管部门批准的可行性研究报告、立项批文。

②政府规划部门确定的规划条件、土地使用条件、环境保护要求、市政管理规定。

4）建设工程监理合同

在编写监理规划时，必须依据建设工程监理合同以下内容：监理企业和监理工程师的权利和义务、监理工作范围和内容、有关建设工程监理规划方面的要求。

5）其他建设工程合同

在编写监理规划时，也要考虑其他建设工程合同关于业主和承建单位权利和义务的内容。

6）监理大纲

监理大纲中的监理组织计划，拟投入的主要监理人员，投资、进度、质量控制方案，合同管理方案，信息管理方案，定期提交给业主的监理工作阶段性成果等内容都是监理规划编写的依据。

7）工程实施过程输出的有关工程信息

工程实施过程输出的有关工程信息主要包括方案设计、初步设计、施工图设计文件，工程招标投标情况，工程实施状况，重大工程变更，外部环境变化等。

·3.2.3　监理规划的编写要求·

1）基本内容应当力求全面

监理规划的基本内容构成应考虑下列因素：符合工程建设监理的基本内容要求；指导项目监理机构全面开展监理工作的要求；根据监理合同所确定的监理内容、范围和深度加以取舍，并满足监理合同的各方面要求。因此，监理规划基本内容应当由目标规划、目标控制、组织协调、合同管理、信息管理以及组织等构成。施工阶段监理规划统一的内容要求在建设监理法规文件或监理合同中进行明确。

2）具体内容应具有针对性、可操作性

工程建设项目千差万别，没有任何两个完全相同的工程项目，因此监理规划的具体内容应与所监理的工程项目相适应,必须针对项目的具体特点和难点,有针对性地进行策划,提出监理措施和方法,才能做到有的放矢,真正起到指导、控制项目监理工作的作用。

不同的监理规划都应有自己鲜明的特色——有自己的投资目标、进度目标、质量目标;有自己的项目组织形式;有自己的监理组织机构;有自己的目标控制措施、方法和手段;有自己的信息管理制度;有自己的合同管理措施。

同时,监理规划应具有可操作性。监理规划所提出的要求,应明确、可操作、不能含糊,对监理实施细则的编制应提出原则要求,对应采取的监理措施、方法和手段要切实可行。

3)监理规划应当遵循建设工程的运行规律

监理规划应当与建设工程运行客观规律相一致,这就要求必须把握、遵循建设工程运行规律,需要不断地收集大量的编写信息。只有把握建设工程运行的客观规律,监理规划的运行才是有效的,才能实施有效的工程监理。

监理规划要随着工程项目的展开不断地进行补充、修改和完善。这是因为在签订监理委托合同后,项目建设的资料还可能不齐全。另外,工程项目在运行过程中,会出现新情况、新问题,如地质条件的变化、工程进度的变更、工程的重大变更等,这就需要针对这些变化对监理规划进行相应的补充、修改和完善,使工程建设监理工作能够始终在监理规划的有效指导下进行。

4)项目总监理工程师是监理规划编写的主持人

监理规划应当在项目总监理工程师主持下编写制订,这是总监理工程师负责制的要求。总监理工程师是项目监理的负责人,是项目监理的责任主体、权力主体和利益主体。在总监理工程师的主持下编制监理规划,有利于贯彻监理方案,有利于其利用职权和利益手段完成自己的职责。同时,总监理工程师主持编制监理规划,有利于其熟悉监理活动,并使监理工作系统化,有利于监理规划的有效实施。

总监理工程师主持编写制订监理规划时,要充分调动整个项目监理机构中专业监理工程师的积极性,要广泛征求各专业监理工程师的意见和建议,并吸收其中水平比较高的专业监理工程师共同参与编写。在监理规划编写的过程中,应当充分听取业主的意见,最大限度地满足他们的合理要求,为进一步搞好监理服务奠定基础。作为监理企业的业务工作,在编写监理规划时还应当按照本企业的要求进行编写。另外,还应广泛地征求承包商的意见。

5)监理规划一般要分阶段编写

监理规划的内容与工程进展密切相关。对于监理工作特点和要求明显不同的阶段,可以将编写的整个过程划分为几个阶段,每个编写阶段都应与工程实施各阶段相对应。

例如,可以分成设计阶段监理规划、招投标阶段监理(相关服务)规划和施工阶段监理规划,因为设计阶段、招标阶段与施工阶段的监理工作的程序和方法存在很大的差异。在设计的前期阶段,即设计准备阶段应完成规划的总框架并将设计阶段的监理工作进行“近细远粗”的规划,使监理规划内容与已经掌握的工程信息紧密结合;设计阶段结束,大量的工程信息能够提供出来,所以施工招标阶段监理规划的大部分内容能够落实;随着施工招标的进展,各承包单位逐步确定下来,工程施工合同逐步签订,施工阶段监理规划所需的工程信息基本齐备,足以编写出完整的施工阶段监理规划。在施工阶段,有关监理规划的主要工作是根据工程进展情况进行调整、修改,使监理规划能够动态地指导整个建设工程的正常进行。

6）监理规划的表达方式应当格式化、标准化

规范化、标准化是科学管理的标志之一。监理规划的内容表达应当明确、简洁、直观。比较而言，图、表和简单的文字说明应当是采用的基本方式。编写监理规划各项内容时应对采用的表格、图示，以及哪些内容要采用简单的文字说明作出统一规定，以满足监理规划格式化、标准化的要求。

7）监理规划应经过审核和批准

监理规划在编写完成后需进行审核并经批准。监理企业的技术主管部门是内部审核单位，其负责人应当签认；同时还应当提交业主，由业主对监理规划进行确认。由于监理规划需要进行审查和修改，因此，监理规划的编写还要留出必要的审查和修改时间。为此，监理规划的编写时间事先应明确，以免编写时间过长，使监理工作陷于被动和无序。

综上所述，监理规划的编写既需要由主要负责者（项目总监理工程师）主持，又需要形成编写班子。同时，项目监理机构的各部门负责人也有相关的任务和责任。监理规划涉及建设工程监理工作的各个方面，因此，有关部门和人员都应当重视监理规划的编制，使监理规划编制得科学、完备，真正发挥全面指导监理工作的作用。

· 3.2.4　监理规划的内容 ·

1）建设工程概况

①建设工程名称。

②建设工程地点。

③建设工程的组成及建筑规模。

④主要建筑结构类型。

⑤预计工程投资总额。预计工程投资总额可以按以下两种费用编列：

a. 建设工程投资总额；

b. 建设工程投资组成简表。

⑥建设工程计划工期。建设工程计划工期以建设工程的计划持续时间或以建设工程开工、竣工的具体日历时间表示。

⑦工程质量等级。

⑧建设工程设计单位及施工单位名称。

⑨建设工程项目结构图与编码系统。

2）监理工作范围

监理工作范围是指监理企业所承担的监理任务的工程范围。如果监理单位承担全部建设工程的监理任务，监理范围为全部建设工程，否则应按监理企业所承担的建设工程的建设标段或子项目划分确定建设工程监理范围。

3）监理工作内容

各建设阶段监理工作的内容见表3.1。

表 3.1 各建设阶段监理工作内容

建设阶段	监理工作内容
立项阶段	①协助业主准备工程报建手续。 ②可行性研究咨询/监理。 ③技术经济论证。 ④编制建设工程投资匡算。
设计阶段	①结合项目特点,收集设计所需技术经济资料。 ②编写设计要求文件。 ③组织方案竞赛或设计招标,协助业主选择勘察设计单位。 ④协助业主拟订和商谈设计委托合同。 ⑤向设计单位提供设计所需基础资料。 ⑥配合设计单位开展技术经济分析、设计方案评比及优化设计。 ⑦配合设计进度,组织好设计与有关部门的协调工作,组织好各设计单位之间的协调工作。 ⑧参与主要设备、材料的选型。 ⑨审核工程估算、概算。 ⑩审核主要设备、材料清单。 ⑪审核施工图纸。 ⑫检查和控制设计进度。 ⑬组织设计文件的报批。
施工招标阶段	①拟订项目招标方案并征得业主同意。 ②办理招标申请。 ③编写招标文件。 ④编制标底,标底经业主认可后,报送所在地方建设主管部门审核。 ⑤组织施工招标。 ⑥组织现场勘察与答疑会,书面答复投标人提出的问题。 ⑦组织开标、评标及定标工作。 ⑧协助业主与中标单位商签施工承包合同。
材料物资供应的监理(指由业主供应的材料物资)	①制订材料物资供应计划和相应的资金需求计划。 ②通过质量、价格、供货期、售后服务等条件的分析和比选,确定材料、设备等物资的供应厂家,重要设备尚应访问现有使用用户,并考察生产厂家的质量保证体系。 ③协助业主拟订并商签材料、设备的订货合同。 ④监督合同的实施,确保材料、设备的及时供应。
施工准备阶段	①审查施工单位提交的施工组织设计、施工技术方案和施工进度计划,并督促其实施。 ②监督检查施工单位质量保证体系及安全技术措施,完善质量管理程序与制度。 ③审查施工单位提供的分包工程项目及分包单位的资质。 ④参加设计交底及图纸会审。 ⑤对承包单位报送的测量放线控制成果及保护措施进行检查,符合要求时,专业监理工程师对承包单位报送的施工测量成果报验申请表予以签认。 ⑥监督落实各项施工条件,审批一般单项工程、单位工程的开工报审表及相关资料,并报业主备查。

建设阶段	监理工作内容	
施工阶段	施工阶段质量控制	①对原材料、半成品、设备的质量认定,审核出厂证明、技术合格证及质量证书,抽检试验、对新材料制品的技术鉴定,到实地考察。 ②主要分项工程施工前,施工单位应将施工工艺、原材料使用、劳动力配置、质量保证措施等基本情况填写施工条件准备表,报监理单位,监理单位应调查核实,经同意后方可开工。 ③分项工程施工过程中,应对关键部位随时抽检,抽检不合格的应通知施工单位整改,并要做好复查和记录。 ④所有分项工程施工,施工单位应在自检合格后,填写分项工程报验申请表,并附上分项工程评定表,提出工程质量评估报告。 ⑤对隐蔽工程填隐检单报监理企业。监理工程师必须严格按每道工序进行检查,经检查合格的,签发分项工程认可书;不合格的下达监理通知,给施工单位指明整改项目。 ⑥基础工程、主体结构分部工程,施工单位要填写相应的验收申请表,并附上有关技术资料,报监理企业审查,监理企业审查合格后,同建设单位、施工单位履行正式验收手续。 ⑦单位工程竣工,在施工单位自检合格的基础上,监理企业应组织建设单位、施工单位和设计单位对工程进行验收检查。 ⑧监督施工单位严格按现行规范、规程、标准和设计要求施工,控制工程质量。 ⑨督促承建商及时完成未完工程尾项,维修工程出现的缺陷。 ⑩安全文明施工监理,并进行已完工程数量计量审核和有关工程变更事实的审核签认。 ⑪施工监理工程范围内对施工单位的协调工作。
	施工阶段进度控制	①审核施工单位编制的工程项目实施总进度计划。审核项目实施总进度计划,是对项目实施起控制作用的工期目标,是审核施工单位提交的月施工计划的依据,也是确定材料设备供应进度、资金、资源计划是否协调的依据。 ②审核施工单位提交的施工进度计划,主要审核是否符合总工期控制目标的要求,审核施工进度计划与施工方案的协调性和合理性等。 ③审核施工单位提交的施工总平面图。 ④审定供应材料、构配件及设备的采供计划。 ⑤工程进度的检查,主要检查计划进度与实际进度的差异,形象进度、实物工程量与工作量指标完成情况的一致性。 ⑥组织现场协调会。 ⑦分阶段协调施工进度计划,及时提出调整意见,控制工程进度。

续表

建设阶段		监理工作内容
施工阶段	施工阶段投资控制	①审核施工单位编制的工程项目各阶段及各年、季、月度资金使用计划,并控制其执行。 ②熟悉设计图纸、招标文件、底标(合同造价),分析合同价构成因素,找出工程费用最易突破的部分,从而明确投资控制的重点。 ③预测工程风险及可能发生索赔的因素,制订防范对策。 ④严格执行付款审核签认制度,及时进行工程投资实际值与计划值的比较、分析。 ⑤严格履行计量与支付程度,及时对质量合格工程进行计量,及时审核签发付款证书。 ⑥工程洽商,未经监理工程师签证不得施工。设计单位的设计变更通知,应通知监理单位,监理工程师应核定费用及工期的增减,列入工程结算。 ⑦严格审核施工单位提交的工程结算书。 ⑧公正地处理施工单位提出的索赔。 ⑨根据施工合同拟订的工程价款结算方式,由施工单位按已完成工程进度填制工程价款有关账单并报送监理企业,由项目总监理工程师对已完工程的数量、质量核实签证后,送建设单位,作为支付价款的依据。 ⑩按合同规定及时向施工单位支付工程进度款。 ⑪严格、精确审核阶段付款工程结算,特别是实际完成工程量的计量和复测签证。 ⑫严格审核设计变更及造价变更。 ⑬积极提出合理化建议及降低投资措施。 ⑭严格审核非预算支付费用。 ⑮事先积极向业主提出一切可能由于业主原因造成的索赔事宜,公正处理合同纠纷、索赔及反索赔事故。
	施工阶段安全控制	①审查施工单位有关安全生产的文件。 ②审查施工单位施工组织设计中的安全技术措施或者专项施工方案。 ③审核安全管理体系和安全专业管理人员资格。 ④审核安全设施和施工机械、设备的安全控制措施,施工单位应提供安全设施的产地、厂址以及出厂合格证书。 ⑤现场监督与检查,发现安全事故隐患及时下达监理通知,要求施工单位整改或暂停施工。
其他监理工作		①督促执行承包合同,协调建设单位与施工单位之间的争议。 ②督促施工单位整理合同文件及施工技术档案资料。 ③组织施工单位对工程进行阶段验收及竣工预验收,并督促整改,对工程施工质量提出评估意见,协助业主组织竣工验收。 ④向建设单位交付一套工程项目管理资料。 ⑤督促承建商回访。
保修阶段		负责检查工程状况,鉴定质量问题责任,督促保修。
业主委托服务		①协助业主办理项目报建手续。 ②协助业主办理项目申请供水、供电、供气、电信线路协议或批文。 ③协助业主制订产品营销方案。

4）监理工作目标

建设工程监理目标是指监理企业所承担的建设工程的监理控制预期达到的目标。在建设工程施工阶段,监理工作需制订以下 5 项目标:

①质量目标:建设工程质量合格及业主的其他要求。

②进度目标:根据业主提出的工期要求,提出整体工程竣工日期,明确竣工的要求,作出详细说明。其中各施工阶段,由业主提出各相应里程碑性的完工日期。

③投资控制目标:根据业主要求,以预算总投资额(必须先经监理工程师审核后定出)为工程限额实行严格控制。此外,控制预算外支出、更改图纸的追加预算及严格审核工程结算,提出合理化建议等,提出达到降低总投资的节约百分率。

④安全目标:提出在整个工程施工期间,采取有效措施,无重大安全责任事故。

⑤文明施工目标:提出创施工文明工地、标准化工地等。

5）监理工作依据

监理工作依据主要有:工程建设方面的法律、法规、规程、标准、规范和有关规定;政府批准的工程建设文件;建设工程监理合同;其他工程建设合同;设计文件。此外,监理工程师和承包人在工程实施过程中的有关会议记录、函电和其他文字记载,监理工程师签认的所有图纸,监理工程师发出的所有指令也可作为监理工作依据。

6）项目监理机构的组织形式

项目监理机构的组织形式根据建设工程监理要求建立。项目监理机构可用组织机构图表示。

7）项目监理机构的人员配备计划及岗位职责

监理人员的构成,应根据被监理工程的类别、规模、技术复杂程度和能够对工程监理有效控制的原则进行配备。项目监理机构的人员配备及岗位职责,详见本书 2.2.3 节内容。

8）监理工作程序

监理工作程序比较简单明了的表达方式是监理工作流程图。一般可对不同的监理工作内容分别制订监理工作程序。监理工作程序可以分阶段编制,如设计阶段监理工作程序、施工准备阶段监理工作程序、施工阶段监理工作程序、竣工验收阶段监理工作程序;可以按控制的内容编制,如投资控制、进度控制、质量控制监理工作程序,计量支付程序等;可以按分部分项工程编制,如房屋建筑工程可分基础工程、主体工程、装修工程、屋面工程监理工作程序等。举例如下:

①总监理程序框图(图 3.1);

②施工阶段质量控制程序(图 3.2);

③施工阶段进度控制计划(图 3.3);

④施工阶段投资控制程序(图 3.4)。

9）监理工作方法及措施

监理工作方法及措施主要应围绕投资、质量、进度控制三大目标上。

(1)工程质量控制

①质量控制的组织措施。建立健全监理组织,完善职责分工及有关质监制度,落实质量控

制的责任。

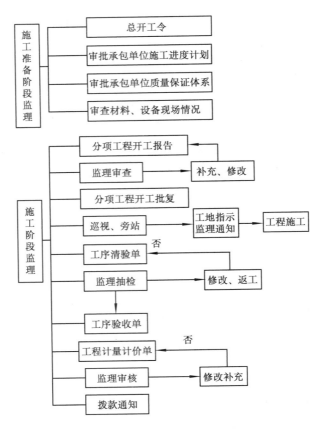

图 3.1 总监理程序框图

②质量控制的技术措施。提出对修改设计的合理建议,完善设计质量保证体系;材料设备供应阶段,通过质量价格比选,正确选择生产供应厂家,并协助其完善质量保证体系;施工阶段,严格事前、事中和事后的质量控制措施。

③质量控制的经济措施及合同措施。严格质检和验收,不符合合同规定质量要求的拒付工程款,达到质量优良者,按合同规定支付质量补偿金或奖金等。

(2)工程投资控制

①投资控制的组织措施。建立健全监理组织,完善职责分工及有关制度,落实投资控制的责任。

②投资控制的技术措施。招标阶段合理确定标底及合同价;材料设备供应阶段,通过质量价格比选,合理确定生产厂家;施工阶段通过审核施工组织设计和施工方案,合理开支施工措施费以及按工期合理组织施工,避免不必要的赶工费。

③投资控制的经济措施。除及时进行计划费用与实际开支费用的比较分析外,监理人员对原设计或施工方案提出的合理化建议被采用后,由此产生的投资节约,可按监理合同规定予以一定的奖励。

④投资控制的合同措施。按合同条款支付工程款,防止过早、过量的现金支付;全面履约,减少对方提出索赔的条件和机会;正确处理索赔等。

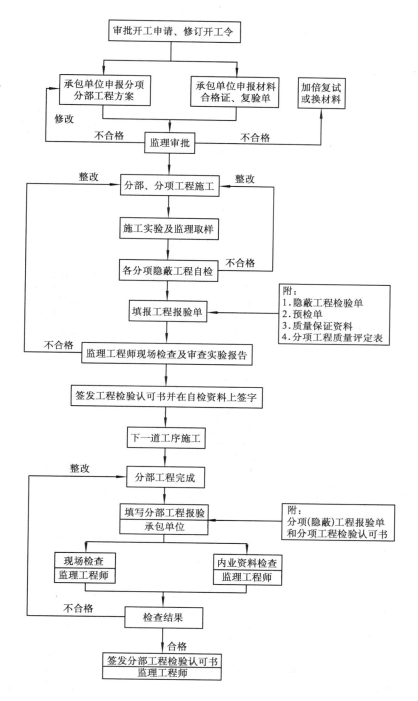

图 3.2 施工阶段质量控制程序

（3）工程进度控制

①进度控制的组织措施。落实进度控制的责任,建立进度控制协调制度。

②进度控制的技术措施。建立多级网络计划和施工作业体系;增加同时作业的施工面;采用高效能的施工机械设备;采用施工新工艺、新技术、缩短工艺过程和工序间的技术间歇时间。

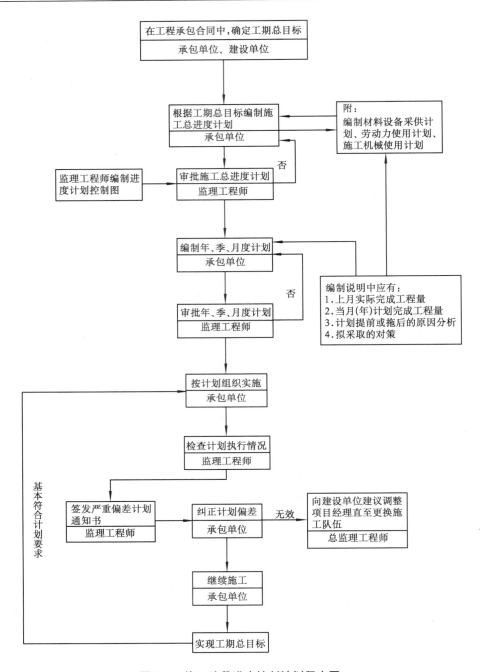

图 3.3　施工阶段进度控制计划程序图

③进度控制的经济措施。对工期提前实行奖励,对应急工程实行较高的计件单价,以及确保资金及时供应等。

④进度控制的合同措施。按合同要求及时协调有关各方的进度以确保项目形象进度要求。

(4)监理工作方法

①旁站监理。对工程关键部位,如打桩工程、混凝土浇筑等必须实施旁站监理;对违反或不符合操作规程要求的施工内容,要求承包单位及时予以整改;对严重违章者,要协同有关部

门予以处理。旁站监理是监理工作的重要方法之一,针对本工程施工阶段监理中哪些部位在施工过程必须旁站监理,应在监理规划中予以指出。凡指定旁站监理的阶段与工序,只要有工人在施工,不论日夜,都必须有监理人员监督。

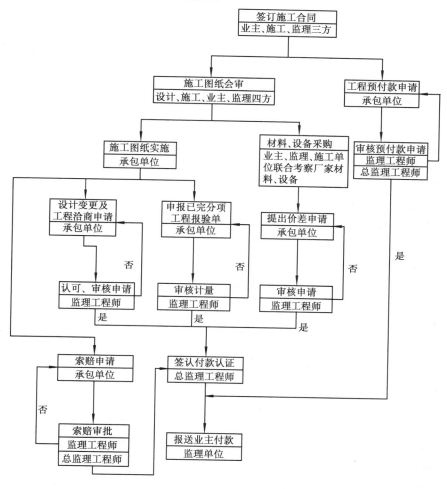

图 3.4 施工阶段投资控制程序

②测量。监理工程师利用测量手段,在工程开工前核查工程的定位放线;在施工过程中控制工程的轴线和高程;在工程完工验收时测量各部位的几何尺寸、高度等。总承包单位设置轴线控制桩,并向项目监理机构报审复测,项目监理机构则派专业测量监理工程师复测签字后实施。

③试验、检测与平行检测。监理机构根据本工程的实际情况,相应配备必要的工程质量检验、测试仪器和工具。监理工程师对项目或材料的质量评价,必须通过试验取得数据后进行。对工程主要部位进行抽查检测,作好检测记录,发现问题及时通知有关方。监理机构通过委托有专业资质的检测机构进行平行检测,取得数据,从而分析、判断质量情况。所有平行检测的项,必须在监理规划中列出清单。

④严格执行监理程序和指令性文件。监理程序及指令性文件,作为监理规则,必须严格遵守。如未经监理工程师批准开工申请的项目不能开工,这就强化了承建单位做好开工前的各

项准备工作;没有监理工程师的付款证书,承包单位就得不到工程付款,这就保证了监理工程师的核心地位。监理工程师应充分利用指令性文件,发出书面指示,并督促承包单位严格遵守与执行监理工程师的书面指示。

10)监理工作制度

(1)施工招标阶段

①招标准备工作有关制度;

②编制招标文件有关制度;

③标底编制及审核制度;

④合同条件拟订及审核制度;

⑤组织招标实务有关制度等。

(2)施工阶段

①设计文件、图纸审查制度;

②施工图纸会审及设计交底制度;

③施工组织设计审核制度;

④工程开工申请审批制度;

⑤工程材料、半成品质量检验制度;

⑥隐蔽工程分项(部)工程质量验收制度;

⑦单位工程、单项工程检验验收制度;

⑧设计变更处理制度;

⑨工程质量事故处理制度;

⑩施工进度监督及报告制度;

⑪监理报告制度;

⑫工程竣工验收制度;

⑬监理日志和会议制度。

(3)项目监理机构内部工作制度

①监理组织工作会议制度;

②对外行文审批制度;

③监理工作日志制度;

④监理周报、月报制度;

⑤技术、经济资料及档案管理制度;

⑥监理费用预算制度。

11)监理设施

项目监理机构应根据所监理的工程类别、规模、技术复杂程度、工程项目所在地的环境条件,按委托监理合同的约定,配备满足监理工作需要的常规检测设备和工具,包括监理机构应实施监理工作的计算机。

在监理工作实施过程中,如实际情况或条件发生重大变化而需要调整监理规划时,总监理工程师组织专业监理工程师研究修改,按原报审程序经过批准后报建设单位。

·3.2.5 监理规划的审批·

建设工程监理规划在编写完成后需要进行审核并经批准。监理单位的技术主管部门是内部审核单位,其负责人应当签认。监理规划审核的内容主要包括以下几个方面:

1)监理范围、工作内容及监理目标的审核

依据监理招标文件和委托监理合同,看其是否理解业主对该工程的建设意图,监理范围、监理工作内容是否包括全部委托的工作任务,监理目标是否与合同要求和建设意图相一致。

2)项目监理机构结构的审核

(1)组织机构

审核组织形式、管理模式等是否合理,是否结合了项目实施的具体特点,是否能够与业主的组织关系和承包商的组织关系相协调等。

(2)人员配备

①派驻监理人员的专业满足程度:应根据项目特点和委托监理任务的工作范围审查,不仅考虑专业监理工程师(如土建监理工程师、机械监理工程师等)是否能够满足监理工作的需要,而且还要看专业监理人员是否覆盖了工程实施过程中的各种专业要求,以及高、中级职称和年龄结构的组成。

②人员数量的满足程度:主要审核从事监理工作人员在数量和结构上的合理性。按照我国已完成监理工作的工程资料统计测算,在施工阶段,每年完成100万元人民币的大中型建设工程的工程量所需监理人员为0.6~1人,专业监理工程师、一般监理人员和行政文秘人员的结构比例为0.2:0.6:0.2。专业类别较多工程的派驻人员,数量应适当增加。

③专业人员不足时采取的措施是否恰当:大中型建设工程由于技术复杂,涉及的专业面宽,当监理单位的技术人员不足以满足全部监理工作要求时,对拟临时聘用的监理人员的综合素质应认真审核。

④派驻现场人员计划表:对于大中型建设工程,不同阶段所需要的监理人员在人数和专业等方面要求不同,应对各阶段所派驻现场监理人员的专业、数量计划是否与建设工程的进度计划相适应进行审核。还应平衡正在其他工程上执行监理业务的人员,是否能按照预定计划进入本工程参加监理工作。

3)工作计划审核

在工程进展中工程各个阶段的工作实施计划是否合理、可行,审查其在每个阶段中如何控制建设工程目标,以及组织协调的方法。

4)投资、进度、质量控制方法的审核

对三大目标的控制方法和措施应重点审查,看其如何应用组织、技术、经济、合同措施保证目标的实现,方法是否科学、合理、有效。

5)监理工作制度审核

监理工作制度审核主要审查监理的内、外工作制度是否健全。

3.3 监理实施细则

·3.3.1 监理实施细则的概念及作用·

监理实施细则又简称监理细则,它是在监理规划的基础上,由项目监理机构的专业监理工程师针对建设工程中某一专业或某一方面的监理工作编写,并经总监理工程师批准实施的操作性文件。

监理实施细则的作用是开展本专业或本子项目具体监理业务的指导性文件。

·3.3.2 监理实施细则的编制要求及依据·

1)监理实施细则的编制要求

①对技术复杂、专业性较强的工程项目,项目监理机构应编制监理实施细则。监理实施细则应符合监理规划的要求,并应结合工程项目的专业特点,做到详细、具体、具有可操作性。对项目规模较小、技术不复杂且有成熟经验和管理措施,并且监理规划可以起到监理实施细则的作用时,监理实施细则可不必另行编写。监理实施细则应体现项目监理机构对于该工程项目在各专业技术、管理和目标控制方面的具体要求。

②监理实施细则应在相应工程施工开始前编制完成,并经总监理工程师批准。监理实施细则可按工程进展情况编写,尤其是施工图未出齐就开工的情况。但是当某分部工程或单位工程或按专业划分构成一个整体的局部工程开工前,该部分的监理实施细则应编制完成,并在开工前经总监理工程师批准。监理实施细则应由专业监理工程师编制。

③在监理工作实施过程中,监理实施细则应根据实际情况进行补充、修改和完善。当发生工程变更、计划变更或原监理实施细则所确定的方法、措施、流程不能有效地发挥管理和控制作用等情况时,总监理工程师应及时根据实际情况安排专业监理工程师对监理实施细则进行补充、修改和完善。

2)监理实施细则的编制依据

①专业工程的特点。
②监理工作的流程。
③监理工作的控制要点及目标值。
④监理工作的方法及措施。

·3.3.3 监理实施细则的主要内容·

监理实施细则是在监理规划的基础上,对监理工作的实施和操作进一步细化和具体化。监理实施细则应包括的主要内容有:专业工程的特点,监理工作的流程,监理工作的控制要点及目标值,监理工作的方法及措施。下面分阶段详细阐述监理实施细则内容。

1)设计阶段监理实施细则主要内容

①协助业主组织设计竞赛或设计招标,优选设计方案和设计单位。

②协助设计单位开展限额设计和设计方案的技术经济比较,优化设计,保证项目使用功能安全、可靠、合理。

③向设计单位提供满足功能和质量要求的设备、主要材料的有关价格、生产厂家的资料。

④组织好各设计单位的协调。

2）施工招标阶段监理实施细则主要内容

①引进竞争机制,通过招标,正确选择施工承包单位和材料设备的供应单位。

②合理确定工程承包和材料、设备合同价。

③正确拟订承包合同和订货合同条款等。

3）施工阶段监理实施细则主要内容

（1）投资控制方面

①在承包合同价外,尽量减少所增加的工程费用。

②全面履约,减少对方提出索赔的机会。

③按合同支付工程款。

（2）质量控制方面

①要求承包单位推行全面质量管理,建立质量保证体系,做到开工有报告,施工有措施,技术有交底,定位有复查,材料、设备有试验报告,隐蔽工程有记录,质量有自检、专检,交工有资料。

②制订一套具体、细致的质量监督措施,特别是质量预控措施,如对工程上所用的主要材料、半成品、设备的质量,要审核产品技术合格证及质保证明,抽样试验、考察生产厂家等;对重要工程部位及容易出现质量问题的分部（项）工程制订质量预控措施。

（3）进度控制方面

①严格审查施工单位编制的施工组织设计,要求编制网络计划,并切实按计划组织施工。

②由业主负责供应的材料和设备,应按计划及时到位,为施工单位创造有利条件。

③检查落实施工单位劳动力、机具设备、周转材料、原材料的准备情况。

④要求施工单位编制月施工作业计划,将进度按日分解,以保证月计划的落实。

⑤检查施工进度落实情况,按网络计划控制,做好计划统计工作,制订工程形象进度图表,每月检查一次上月的进度和安排下月的进度。

⑥协调各施工单位间的关系,使他们相互配合、相互支持和搞好衔接。

⑦利用工程付款签证权,督促施工单位按计划完成任务。

案例分析

【监理规划案例】

某工程项目业主与监理企业及承包商分别签订了施工阶段监理合同和工程施工合同。由于工期紧张,在设计单位仅交付地下室的施工图时,业主要求承包商进场施工,同时监理企业提出对设计图纸质量把关的要求。在此情况下,监理企业为满足业主要求,由土建监理工程师向业主直接报送监理规划,其部分内容如下:

1. 工程概况;

2. 监理工作范围和目标;

3. 监理组织;

4. 设计方案评选方法及组织设计协调工作的监理措施;

5. 因设计图纸不全,拟按进度分阶段编写基础、主体、装修工程的施工监理措施;

6. 对施工合同进行监督管理;

7. 施工阶段监理工作制度。

【问题】

你认为监理规划是否有不妥之处?为什么?

【答案要点】

第一,工程建设监理规划应由总监理工程师组织编写、签发,试题所给背景资料中是由土建监理工程师直接向业主"报送";第二,本工程项目是施工阶段监理,监理规划中写的"4.设计方案评选方法及组织设计协调工作的监理措施"是设计阶段监理规划应编制的内容,不应该写在施工阶段监理规划中;第三,"5.因设计图纸不全,拟按进度分阶段编写基础、主体、装修工程的施工监理措施"不妥,施工图不全不应影响监理规划的完整编写。

【监理实施细则案例】

某项实施监理的钢筋混凝土高层框剪结构工程,设计图纸齐全,采用玻璃幕墙,暗设水、电管线。目前,主体结构正在施工。

【问题】

1. 监理工程师在质量控制方面的监理工作内容有哪些?

2. 监理工程师应对进场原材料(钢筋、水泥、砂石等)的哪些报告、凭证资料进行确认?

3. 在检查钢筋施工过程中,发现有些部位不符合设计和规范要求,监理工程师应如何处理?

【答案要点】

1. 监理工程师在该工程的质量控制方面应检查有关工程质量的技术资料,如分项工程施工工艺方案、人员资质、机械和材料的技术资料等。检查施工单位质量保证措施,如组织措施、技术措施、经济措施、合同措施等。

进行质量的跟踪监理检查,包括预检(模块、轴线、标高等)、隐蔽工程检查(钢筋、管线、预埋件等)、旁站监理等。监理工程师还应签证质量检验凭证,如预检、隐检申报表,抽验试验报告,试件、试块试压报告等。

2. 监理工程师对进场原材料应检查确认的报告、凭证资料,主要有材料出厂证明、质量保证书、技术合格证(原材料三证),材料抽检资料,试验报告等。

3. 监理工程师对发现的工程质量问题应向承包单位提出整改(如要求返工),并监督检查整改过程,对整改后的工程进行检查验收与办理签证。

复习思考题 3

3.1 监理大纲的概念及作用是什么?

3.2 建设工程监理规划有何作用?

3.3 编写建设工程监理规划应注意哪些问题?

3.4 建设工程监理规划编写的依据是什么?

3.5 建设工程监理规划一般包括哪些主要内容?

3.6 监理规划审核的内容有哪些?

3.7 监理实施细则的主要内容有哪些?

3.8 简述建设工程监理大纲、监理规划、监理实施细则三者之间的关系。

4 建设工程质量控制工作

4.1 建设工程质量控制概述

·4.1.1 建设工程质量概述·

1)建设工程质量的含义及特性

建设工程质量简称工程质量。工程质量就是指工程满足业主需要的,符合国家法律、法规、技术规范标准、设计文件及合同规定的特性综合。建设工程作为一种特殊的产品,除具有一般产品共有的质量特性,如性能、寿命、可靠性、安全性、经济性等,除满足社会需要的使用价值及其属性外,还具有特定的内涵,主要表现在以下6个方面:

①适用性:即功能,是指工程满足使用目的的各种性能,包括理化性能、结构性能、使用性能、外观性能等。

②耐久性:即寿命,是指工程在规定的条件下,满足规定功能要求使用的年限,也就是工程竣工后的合理使用寿命周期。由于建筑物本身结构类型不同、质量要求不同、施工方法不同、使用性能不同等个性特点,目前国家对建设工程的合理使用寿命周期还缺乏统一的规定,仅在少数技术标准中提出了明确的要求。

③安全性:是指工程建成后在使用过程中保证结构安全、保证人身和环境免受危害的程度。建设工程产品的结构安全度、抗震、耐火及防火能力、人民防空的辐射、抗核污染、抗爆炸波等是否能达到特定的要求,都是安全性的重要标志。

④可靠性:是指工程在规定的时间和规定的条件下完成规定功能的能力。工程不仅要求在交工验收时要达到规定的指标,而且在一定的使用时期内要保持应有的正常功能。

⑤经济性:是指工程从规划、勘察、设计、施工到整个产品使用寿命周期内的成本和消耗的费用。工程经济性具体表现为设计成本、施工成本、使用成本三者之和。

⑥与环境的协调性:是指工程与其周围生态环境协调、与所在地区经济环境协调以及与周围已建工程相协调,以适应可持续发展的要求。

2)建设工程质量形成过程与影响因素分析

(1)工程建设各阶段对质量形成的作用与影响

工程建设的不同阶段,对工程项目质量的形成起着不同的作用和影响。

①项目可行性研究阶段。在此阶段需要确定工程项目的质量要求,并与投资目标相协调。

因此,项目的可行性研究直接影响项目的决策质量和设计质量。

②项目决策阶段。对工程质量的影响主要是确定工程项目应达到的质量目标和水平。

③工程勘察、设计阶段。工程地质勘察是为选择建设场地和为工程的设计与施工提供地质资料依据。而工程设计是根据建设项目总体要求(包括已确定的质量目标和水平)和地质勘察报告,对工程外形和内在实体进行筹划、研究、构思、设计和描绘,形成设计说明书和图纸等相关文件,使质量目标和水平具体化,为施工提供直接依据。工程设计质量是决定工程质量的关键环节。

④工程施工阶段。工程施工活动决定了设计意图能否实现,它直接关系工程是否安全可靠,使用功能是否能够保证,以及外表观感能否体现建筑设计的艺术水平。在一定程度上,工程施工是形成实体质量的决定性环节。

⑤工程竣工验收阶段。工程竣工验收就是对项目施工阶段的质量通过检查评定、试车运转,考核项目质量是否达到设计要求,是否符合决策阶段确定的质量目标和水平,并通过验收确保工程项目的质量,所以工程竣工验收是保证最终产品质量的重要环节。

(2)影响工程质量的因素

影响工程质量的因素很多,但归纳起来主要有 5 个方面,即人、材料、机械、方法和环境,简称为 4M1E 因素。

①人员素质。人是生产经营活动的主体,也是工程项目建设的决策者、管理者、操作者,人员素质对规划、决策、勘察、设计和施工的质量产生直接和间接的影响。因此,建筑行业实行经营资质管理和各类专业从业人员持证上岗制度是保证人员素质的重要管理措施。

②工程材料。工程材料选用是否合理、产品是否合格、材质是否经过检验、保管使用是否得当等,都将直接影响建设工程的结构刚度和强度、影响工程外表及观感、影响工程的使用功能、影响工程的使用安全。

③机具设备。机具设备对工程质量也有重要影响。工程用机具设备的产品质量优劣,直接影响工程使用功能质量。施工机具设备的类型是否符合工程施工特点、性能是否先进稳定、操作是否方便安全等,都将影响工程项目的质量。

④工艺方法。在工程施工过程中,施工方案是否合理、施工工艺是否先进、施工操作是否正确,都将对工程质量产生重大影响。大力推进新技术、新工艺、新方法,不断提高工艺技术水平,是保证工程质量提高的重要因素。

⑤环境条件。环境条件是指对工程质量特性起重要作用的环境因素,包括工程技术环境、工程作业环境、工程管理环境、周边环境等。环境条件往往对工程质量产生特定的影响。加强环境管理,改善作业条件,把握好技术环境,辅以必要的措施,是控制环境对质量影响的重要保证。

3)工程质量的特点

建设工程质量的特点是由建设工程本身和建设生产的特点决定的。建设工程(产品)及其生产的特点如下:

①产品的固定性,生产的流动性。

②产品的多样性,生产的单件性。

③产品形体庞大、投入高、生产周期长、具有风险性。

④产品的社会性,生产的外部约束性。

正是由于上述工程特点,形成了工程质量的特点,主要有以下几个方面:

①影响因素多。如决策、设计、材料、机具设备、施工方法、施工工艺、技术措施、人员素质、工期、工程造价等,这些因素直接或间接地影响工程项目质量。

②质量波动大。由于建筑生产的单件性、流动性,工程质量容易产生波动且波动大。同时由于影响工程质量的偶然性因素和系统性因素比较多,其中任一因素发生变动,都会使工程质量产生波动。

③质量隐蔽性。建设工程在施工过程中,分项工程交接多、中间产品多、隐蔽工程多,因此质量存在隐蔽性。若在施工中不及时进行质量检查,事后只能从表面上检查,就很难发现内在的质量问题,这样就容易产生判断错误。

④终检的局限性。工程项目的终检(竣工验收)无法进行工程内在质量的检验,发现隐蔽的质量缺陷。因此,工程项目的终检存在一定的局限性。

⑤评价方法的特殊性。工程质量的检查评定及验收是按检验批、分项工程、(子)分部工程、(子)单位工程进行的。评价方法具有各自的特殊性。

· 4.1.2 建设工程质量控制的划分、原则及质量责任体系 ·

工程质量控制是指致力于满足工程质量要求,也就是为了保证工程质量满足工程合同规范标准所采取的一系列措施、方法、手段。工程质量要求主要表现为工程合同、设计文件、技术规范标准规定的质量标准。

1)工程质量控制的划分

(1)工程质量控制按其实施主体划分

工程质量控制按其实施主体不同,分为自控主体和监控主体两种。前者是直接从事质量职能的活动者,后者是指对他人质量能力和效果的监控者,主要包括以下4个方面:

①政府的工程质量控制。政府属于监控主体,它主要是以法律法规为依据,通过抓工程报建、施工图设计文件审查、施工许可、材料和设备准用、工程质量监督、重大工程竣工验收备案等主要环节进行的。

②工程监理企业的质量控制。工程监理企业属于监控主体,它主要是受建设单位的委托,代表建设单位对工程实施全过程进行的质量监督和控制,包括勘察设计阶段质量控制、施工阶段质量控制,以满足建设单位对工程质量的要求。

③勘察设计单位的质量控制。勘察设计单位属于自控主体,它是以法律、法规及合同为依据,对勘察设计的整个过程进行控制,包括工程程序、工作进度、费用及成果文件所包含的功能和使用价值,以满足建设单位对勘察设计质量的要求。

④施工单位的质量控制。施工单位属于自控主体,它是以工程合同、设计图纸和技术规范为依据,对施工准备阶段、施工阶段、竣工验收交付阶段等施工全过程的工作质量和工程质量进行的控制,以达到合同文件规定的质量要求。

(2)工程质量控制按工程质量形成过程划分

工程质量控制是指全过程各阶段的质量控制,主要包括以下3个方面:

①决策阶段的质量控制:主要是通过项目的可行性研究,选择最佳建设方案,使项目质量要求符合业主的意图,并与投资目标相协调,与所在地区环境相协调。

②工程勘察设计阶段的质量控制:主要是要选择好勘察设计单位,要保证工程设计符合有关技术规范和标准的规定,要保证设计文件、图纸符合现场和施工的实际条件,其深度能满足

施工需要。

③工程施工阶段的质量控制:一是择优选择能保证工程质量的施工单位;二是严格监督承包单位按设计图纸进行施工,并形成符合合同文件规定质量要求的最终建筑产品。

2)工程质量控制的原则

监理工程师在工程质量控制过程中,应遵循以下原则:

①坚持质量第一的原则。监理工程师在进行投资、进度、质量三大目标控制时,在处理三者关系时,应坚持"百年大计,质量第一",在工程建设中自始至终把"质量第一"作为对工程质量控制的基本原则。

②坚持以人为核心的原则。在工程质量控制中,要以人为核心,重点控制人的素质和行为,充分发挥积极性和创造性,以人的工作质量保证工程质量。

③坚持以预防为主的原则。要重点做好质量的事先控制和事中控制,以预防为主,加强过程和中间产品的质量检查和控制。

④坚持质量标准的原则。质量标准是评价产品质量的尺度,工程质量是否符合规定的质量标准要求,应通过质量检验并和质量标准对照,符合质量标准要求的为合格,不符合质量标准要求的为不合格,必须进行返工处理。

⑤坚持科学、公正、守法的职业道德规范。在工程质量控制中,监理人员必须坚持科学、公正、守法的职业道德规范,要尊重科学、尊重事实,以数据资料为依据,客观、公正的处理质量问题。要坚持原则,遵纪守法,秉公监理。

3)工程质量责任体系

在工程项目建设中,参与工程建设的各方,应根据国家颁布的《建设工程质量管理条例》以及合同、协议及有关文件的规定承担相应的质量责任。

(1)建设单位的质量责任

①建设单位对其自行选择的设计、施工单位发生的质量问题承担相应责任。

②建设单位应与监理单位签订监理合同,明确双方的责任和义务。

③建设单位应按合同的约定负责采购供应的建筑材料、建筑构配件和设备,应符合设计文件和合同要求,对发生的质量问题应承担相应的责任。

(2)勘察、设计单位的质量责任

勘察、设计单位必须按照国家现行的有关规定、工程建设强制性技术标准和合同要求进行勘察、设计工作,并对所编制的勘察、设计文件的质量负责。

(3)施工单位的质量责任

施工单位对所承包工程项目的施工质量负责。实行总承包的工程,总承包单位应对其承包的建设工程或采购的设备质量负责;实行总分包的工程,分包单位应按照分包合同约定对其分包工程的质量向总承包单位负责,总承包单位与分包单位对分包工程的质量承担连带责任。

(4)工程监理单位的质量责任

工程监理单位应依照法律、法规以及有关技术标准、设计文件和建设工程承包合同,与建设单位签订监理合同,代表建设单位对工程质量实施监理,并对工程质量承担监理责任。监理责任主要有违法责任和违约责任两个方面。如果工程监理单位故意弄虚作假,降低工程质量标准,造成了质量事故,要承担法律责任。若工程监理单位与承包单位串通,谋取非法利益,给建设单位造成损失的,应当与承包单位承担连带赔偿责任。如果工程监理单位在责任期内,不按照监理合同履行监理职责,给建设单位或其他单位造成损失的,属违约责任,应当向建设单位赔偿。

(5)建筑材料、构配件及设备生产或供应单位的质量责任

建筑材料、构配件及设备生产或供应单位对其生产或供应的产品质量负责。

4.2　建设工程施工阶段的质量控制

·4.2.1　施工阶段质量控制的系统过程·

1)按工程实体质量形成过程的时间阶段划分

施工阶段的质量控制可分为以下3个环节:

①施工准备控制。施工准备控制指在各工程对象正式施工活动开始前,对各项准备工作及影响质量的因素进行控制,这是确保施工质量的先决条件。

②施工过程控制。施工过程控制指在施工过程中对实际投入的生产要素质量及作业技术活动的实施状态和结果所进行的控制,包括作业者发挥技术能力过程的自控行为和来自有关管理者的监控行为。

③竣工验收控制。竣工验收控制指对通过施工过程所完成的具有独立功能和使用价值的最终产品(单位工程或整个项目工程)及有关方面(例如质量文档)进行控制。

上述3个环节的质量控制系统过程及其涉及的主要方面,如图4.1所示。

2)按工程实体形成过程中物质形态转化的阶段划分

由于工程对象的施工是一项物质生产活动,所以施工阶段的质量控制系统过程也是一个经由以下3个阶段的系统控制过程。

①对投入的物质资源质量的控制。

②施工过程质量控制。即在使投入的物质资源转化为工程产品的过程中,对影响产品质量的各因素、各环节及中间产品的质量进行控制。

③对完成的工程产品质量的控制与验收。

在上述3个阶段的系统过程中,前两个阶段对于最终产品质量的形成具有决定性作用,而所投入的物质资源的质量控制对最终产品质量又具有举足轻重的影响。所以,质量控制的系统过程中,无论是对投入物质资源的控制,还是对施工及安装生产过程的控制,都应当对工程实体质量的5个重要因素,即对施工有关人员因素、材料(包括半成品、构配件)因素、机械设备因素(生产设备及施工设备)、施工方法(施工方案、方法及工艺)因素以及环境因素等进行全面的控制。

3)按工程项目施工层次划分

通常任何一个大型工程项目可以划分为若干层次。例如,对于建筑工程项目,按照国家标准可以划分为单位工程、分部工程、分项工程、检验批等层次;而对于诸如水利水电、港口交通等工程项目,则可划分为单项工程、单位工程、分部工程、分项工程等几个层次。各组成部分之

间具有一定的施工先后顺序。显然,施工作业过程的质量控制是最基本的控制,它决定了有关检验批的质量,而检验批的质量又决定了分项工程的质量。各层次的质量控制系统过程如图4.2所示。

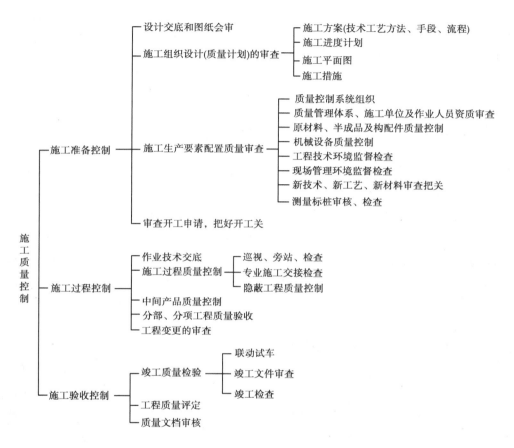

图4.1　施工阶段质量控制的系统过程

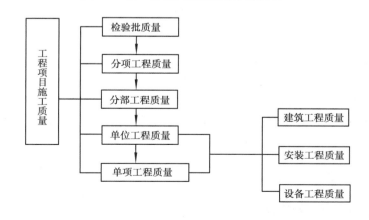

图4.2　按工程项目施工层次划分的质量控制系统过程

·4.2.2 施工质量控制的依据·

施工阶段监理工程师进行质量控制的依据,大体上有以下4类:

1)工程合同文件

工程施工承包合同文件和委托监理合同文件中分别规定了参与建设各方在质量控制方面的权利和义务,有关各方必须履行在合同中的承诺。对于监理单位,既要履行委托监理合同的条款,又要监督建设单位、承包单位、设计单位履行有关的质量控制条款。

2)设计文件

"按图施工"是施工阶段质量控制的一项重要原则。经过批准的设计图纸和技术说明书等设计文件,是质量控制的重要依据。但是从严格质量管理和质量控制的角度出发,监理单位在施工前还应参加由建设单位组织的设计单位及承包单位参加的设计交底及图纸会审工作,以达到了解设计意图和质量要求,发现图纸差错和减少质量隐患的目的。

3)国家及政府有关部门颁布的有关质量管理方面的法律、法规性文件

①《中华人民共和国建筑法》(1997年11月1日中华人民共和国主席令第91号发布)。
②《建筑工程质量管理条例》(2000年1月30日中华人民共和国国务院令279号发布)。
③2007年9月住房和城乡建设部发布的《建筑业企业资质管理规定》。

以上列举的是国家及建设主管部门颁布的有关质量管理方面的法规性文件。这些文件都是建设行业质量管理方面所应遵循的基本法规文件。

4)有关质量检验与控制的专门技术法规性文件

①工程项目施工质量验收标准。这类标准主要是由国家或部门统一制定的,用以作为检验和验收工程项目质量水平所依据的技术法规性文件。例如,评定建筑工程质量验收的《建筑工程施工质量验收统一标准》(GB 50300—2013)、《混凝土结构工程施工质量验收规范》(GB 50204—2015)、《建筑装饰装修工程质量验收标准》(GB 50210—2018)等。

②有关工程材料、半成品和构配件质量控制方面的专业技术标准和规定:

a.有关材料及其制品的技术标准。

b.有关材料或半成品等的取样、试验等方面的技术标准和规程。

c.有关材料验收、包装、标志方面的技术标准和规定。

d.控制施工作业活动质量的技术规程。

e.有关新工艺、新技术、新材料的规定。凡采用新工艺、新技术、新材料的工程,事先应进行试验,并应有权威性技术部门的技术鉴定书及有关的质量数据指标,在此基础上制定有关的质量标准和施工工艺规程,以此作为判断与控制质量的依据。

·4.2.3 施工准备的质量控制·

1)施工承包单位资质的核查

(1)施工承包单位资质的分类

施工承包企业按照其承包工程能力,划分为施工总承包企业、专业承包企业、劳务分包企业。

（2）监理工程师对施工承包单位资质的审核

●招标阶段对承包单位资质的审查

①根据工程的类型、规模和特点，确定参与投标企业的资质等级，并取得招投标管理部门的认可。

②对符合参与投标的承包企业的考核：

a. 查对《营业执照》及《建筑企业资质证书》，了解其实际的建设业绩、人员素质、管理水平、资金情况、技术装备等。

b. 考核承包企业近期的表现，查对年检情况，资质、升级情况，了解其有否工程质量、施工安全、现场管理等方面的问题，企业管理的发展趋势，质量是否是上升趋势，选择向上发展的企业。

c. 查对近期承建工程，实地参观考核工程质量情况及现场管理水平。在全面了解的基础上，重点考核与拟建工程类型、规模和特点相似或接近的工程。优先选取创出名牌优质工程的企业。

●对中标进场从事项目施工的承包企业质量管理体系的核查

①了解企业的质量意识、质量管理情况，重点了解企业质量管理的基础工作、工程项目管理和质量控制情况。

②贯彻 ISO9000 标准、体系建立和通过认证的情况。

③企业领导班子的质量意识及质量管理机构落实、质量管理权限实施的情况等。

④审查承包企业现场项目经理部的质量管理体系。

2）施工组织设计的审核

（1）施工组织设计的审查程序

①在工程项目开工前约定的时间内，承包单位必须完成施工组织设计的编制及内部自审批准工作，填写《施工组织设计（方案）报审表》（见附表 2）报送项目监理机构。

②总监理工程师在约定时间内，组织专业监理工程师审查，提出意见后，由总监理工程师审核签认。需要承包单位修改时，由总监理工程师签发书面意见，退回承包单位修改后报审，总监理工程师重新审查。

③审定的施工组织设计由监理机构报送建设单位。

④承包单位应依据审定的施工组织设计文件组织施工。如需对其内容作较大变更时，应在实施之前将变更内容书面报送项目监理机构审核。

⑤规模大、结构复杂或属新结构、特种结构的工程，项目监理机构对施工组织设计审查后，还应报送监理单位技术负责人审查，提出审查意见后由总监理工程师签发，必要时与建设单位协商，组织有关专业部门和有关专家会审。

⑥规模大、工艺复杂的工程，群体工程或分期出图的工程，经单位批准可分阶段报审施工组织设计；技术复杂或采用新技术的分项、分部工程，承包单位还应编制该分项、分部工程的施工方案，报项目监理机构审查。

（2）审查施工组织设计时应掌握的原则

①施工组织设计的编制、审查和批准应符合规定的程序。

②施工组织设计应符合国家的技术政策，充分考虑承包合同规定的条件、施工现场及法规条件的要求，突出"质量第一、安全第一"的原则。

③施工组织设计的针对性，承包单位是否了解并掌握了本工程的特点及难点，施工条件是否分析充分。

④施工组织设计的可操作性，承包单位是否有能力执行并保证工期和质量目标，该施工组织设计是否切实可行。

⑤技术方案的先进性，施工组织设计采用的技术方案和措施是否先进适用，技术是否成熟。

⑥质量管理和技术管理体系、质量保证措施是否健全且切实可行。

⑦安全、环保、消防和文明施工措施是否切实可行并符合有关规定。

⑧在满足合同和法规要求的前提下，对施工组织设计的审查应尊重承包单位的自主技术决策和管理决策。

（3）施工组织设计审查的注意事项

①重要的分部、分项工程的施工方案，承包单位在开工前，向监理工程师提交为完成该项目的施工方法、施工机械设备及人员配置与组织、质量管理措施以及进度安排等详细说明，报请监理工程师审查认可后，方能实施。

②施工顺序应符合先地下、后地上；先土建、后设备；先主体、后围护的基本规律。所谓先地下、后地上是指地上工程开工前，应尽量把管道、线路等地下设施和土方与基础工程完成，以避免干扰，造成浪费、影响质量。此外施工流向要合理，即平面和立体都要考虑施工的质量保证与安全保证；考虑使用的先后和区段的划分，与材料、构配件的运输不发生冲突。

③施工方案与施工进度计划的一致性。施工进度计划的编制应以确定的施工方案为依据，正确体现施工的总体部署、流向顺序及工艺关系等。

④施工方案与施工平面图要协调一致。施工平面图的静态布置内容，如临时施工供水供电供热、供气管道、施工道路、临时办公室房屋、物资仓库等，以及动态布置内容，如施工材料模板、工具器具等，应做到布置有序，有利于各阶段施工方案的实施。

3）现场施工准备的质量控制

（1）工程定位及标高基准控制

①监理工程师应要求施工承包单位，对建设单位（或其委托的单位）给定的原始基准点、基准线和标高等测量控制点进行复核，并将复测结果报监理工程师审核，经批准后施工承包单位方能据此进行准确的测量放线，建立施工测量控制网，并应对其正确性负责，同时做好基桩的保护。

②复测施工测量控制网。

（2）施工平面布置的控制

监理工程师应检查施工现场总体布置是否合理，是否有利于保证施工的正常、顺利进行，是否有利于保证质量，特别是要对场区的道路、防洪排水、器材存放、给水及供电、混凝土供给及主要垂直运输机械设备布置等方面予以重视。

（3）材料构配件采购订货的控制

①凡由承包单位负责采购的原材料、半成品或构配件，在采购订货前应向监理工程师申报；对于重要的材料，还应提交样品，供试验或鉴定，有些材料则要求供货单位提交理化试验单（如预应力钢筋的硫、磷含量等），经监理工程师审查认可后，方可进行订货采购。

②对于半成品或者构配件，应按经过审批认可的设计文件和图纸要求采购订货，质量应满足有关标准和设计的要求，交货期应满足施工及安装进度安排的需要。

③供货厂家是制造材料、半成品、构配件主体，所以通过考查优选合格的供货厂家是保证采购、订购质量的提前。因此，大宗器材或材料的采购应实行招标采购的方式。

④对于半成品和构配件的采购订货，监理工程师应提出明确的质量要求、质量检测项目及标准、出厂合格证或产品书质量等文件的要求，以及是否需要权威性的质量认证等。

⑤某些材料，诸如瓷砖等装饰材料，订货时最好一次定齐和备足货源，以免由于分批而出现色泽不一的质量问题。

⑥供货厂方应向需方（订货方）提供质量文件，用于证明其提供的货物能够完全达到需方提出的质量要求。

（4）施工机械配置的控制

①施工机械设备的选择，除应考虑施工机械的技术性能、工作效率、工作质量、可靠性、维修难易、能源消耗，以及安全、灵活等方面的因素外，还应考虑其数量配置对施工质量的影响与保证条件。在选择机械性能参数方面，也要与施工对象特点及质量要求相适应。例如，选择起重机械进行吊装施工时，其起重量、起重高度及起重半径均应满足吊装要求。

②审查施工机械设备的数量是否足够；所需的施工机械设备，是否按已批准的计划备妥；所准备的机械设备是否与监理工程师审查认可的施工组织设计或施工计划中所列相一致；所准备的施工机械设备是否都处于完好的可用状态等。

（5）分包单位资格的审核确认

监理工程师应对分包单位资质进行严格控制：

①分包单位提交《分包单位资格报审表》（见附表3）。总承包单位选定分包单位后，应向监理工程师提交《分包单位资格报审表》。

②监理工程师审查总承包单位提交的《分包单位资格报审表》。

③对分包单位进行调查。

（6）设计交底与施工图纸的现场核对

监理工程师应认真参加有设计单位主持的设计交底工作，以透彻了解设计原则及质量要求；同时，要督促承包单位认真做好审核及图纸核对工作，对于审图过程中发现的问题，应及时以书面形式报告给建设单位。

（7）严把开工关

监理工程师对与拟开工工程有关的现场各项施工准备工作进行检查并认为合格后，方可发布书面的开工指令。对于已停工程，则需有总监理工程师的复工指令方能复工。对于合同中所列工程及工程变更的项目，开工前承包单位必须提交《工程开工/复工报审表》（见附表1）。经监理工程师审查并予以批准后，承包单位才能开始正式进行施工。

（8）监理组织内部的监控准备工作

建立项目监理机构的质量监控体系，做好监控准备工作，使之能适应工程项目质量监控的需要,这是监理工程师作好质量控制的基础之一。

·4.2.4 施工过程质量控制·

为保证施工质量,监理工程师需对施工过程进行全过程、全方位的质量监督、控制与检查。

1)作业技术准备状态的控制

作业技术准备状态的控制,应着重抓好以下 8 个方面的内容:

(1)质量控制点的设置

质量控制点是指为了保证作业过程质量而确定的重点控制对象、关键部位或薄弱环节。设置质量控制点是保证达到施工质量要求的必要前提,监理工程师在拟订质量控制工作计划时,应予以详细考虑。对于质量控制点,一般要事先分析可能造成的问题,再针对原因制订对策和措施进行预控。

承包单位在工程施工前应根据施工过程质量控制的要求,列出质量控制点明细表,表中应详细列出各质量控制点的名称或控制内容、检验标准及方法等,提交监理工程师审查批准后,实施质量控制。

• 选择质量控制的一般原则

①施工过程中的关键工序或环节以及隐蔽工程,如预应力结构的张拉工序、钢筋混凝土结构中的钢筋架立。

②施工中的薄弱环节,或质量不稳定的工序、部位或对象,如地下防水层施工。

③对后续工程施工或对后续工序质量或安全有重大影响的工序、部位或对象,如预应力结构中的预应力钢筋质量、模板的支撑与固定等。

④采用新技术、新工艺、新材料的部位或环节。

⑤施工上无足够把握的、施工条件困难的或技术难度大的工序或环节,如复杂曲线模板的放样等。

• 重点控制的对象

①人的行为。对某些作业或操作,应以人为重点进行控制。

②物的质量与性能。施工设备与材料是直接影响工程质量和安全的主要因素,对某些工程尤为重要,常作为控制的重点。

③关键的操作。

④施工技术参数。

⑤施工顺序。对于某些工作必须严格作业之间的顺序。

⑥技术间歇。有些作业之间需要有必要的技术间歇时间。

⑦新工艺、新技术、新材料的应用。

⑧产品质量不稳定、不合格率较高及易发生质量通病的工序应列为重点,仔细分析、严格控制。

⑨易对工程质量产生重大影响的施工方法。

⑩特殊地基或特种结构。

(2)质量预控对策的检查

所谓工程质量预控,就是针对所设置的质量控制点或分部、分项工程,事先分析施工中可能发生的质量问题和隐患,分析可能产生的原因,并提出相应的对策,采取有效的措施进行预先控制,以防止在施工中发生质量问题。

质量预控及对策的表达方式主要有文字表达、用表格形式表达、解析图形式表达。下面举例说明。

①钢筋电焊焊接质量的预控——文字表达。列出可能产生的质量问题,以及拟订的质量预控措施。

a.可能产生的质量问题。焊接接头偏心弯折;焊条型号或规格不符合要求;焊缝的长、宽、厚度不符合要求;凹陷、焊瘤、裂纹、烧伤、咬边、气孔、夹渣等缺陷。

b.质量预控措施。根据对电焊钢筋可能产生质量问题的估计,分析产生上述电焊质量问题的重要原因,主要有两方面:一方面是施焊人员不良,另一方面是焊条质量不符合要求。所以监理工程师可以有针对性地提出质量预控的措施如下:检查焊接人员有无上岗合格证明,禁止无证上岗;焊工正式施焊前,必须按规定进行焊接工艺试验;每批钢筋焊完后,承包单位自检并按规定对焊接接头见证取样进行力学性能试验;在检查焊接质量时,应同时抽检焊条的型号。

②混凝土灌注桩质量预控情况用表格形式表达。用简表形式分析其在施工中可能发生的主要质量问题和隐患,并针对各种可能发生的质量问题提出相应的预控措施,见表4.1。

表4.1　混凝土灌注桩质量预控表

可能发生的质量问题	质量预控措施
孔斜	督促承包单位在钻孔前对钻机认真整平
混凝土强度达不到要求	随时抽查原料质量;混凝土配合比经监理工程师审批确认;评定混凝土强度;按月向监理报送评定结果
缩颈、堵管	督促承包单位每桩测定混凝土坍落度2次
断桩	准备足够数量的混凝土供应机械(拌和机等),保证连续不断地灌注
钢筋笼上浮	掌握泥浆比和灌注速度,灌注前做好钢筋笼的固定

③混凝土工程质量预控及质量对策用解析图的形式表示,是用工程质量预控图和质量控制对策图表达的。

a.工程质量预控图。在该图中按该分布工程的施工各阶段划分,即从准备工作至完工后质量验收与中间检查以及最后的资料整理;右侧列出各阶段所需进行的与质量控制有关的技术工作,用框图的方式分别与工作阶段相连接;左侧列出各阶段所需进行的阶段控制与相关管理工作要求。图4.3为混凝土工程质量预控图。

b.质量控制对策图。该图分为两部分,一部分是列出某一部分工程中影响质量的各种因素;另一部分是列出对应于各种质量问题所采取的对策和措施。图4.4和图4.5为混凝土工程的质量对策图。

(3)作业技术交底的控制

作业技术交底是对施工组织设计或施工方案的具体化,是更细致明确、更加具体的技术实施方案,是工序施工或分项工程施工的具体指导文件。为做好技术交底,项目经理部必须由主管技术人员编制技术交底书,并经项目总工程师批准。技术交底的内容包括施工方法、质量要求和验收标准,施工过程中须注意的问题,可能出现意外的措施及应急方案。技术交底要紧紧围绕与具体施工有关的操作者、机械设备、使用的材料、构配件、工艺、工法、施工环境、具体管理措施等,进行交底时要明确做什么、谁来做、如何做、作业标准和要求、什么时间完成等。

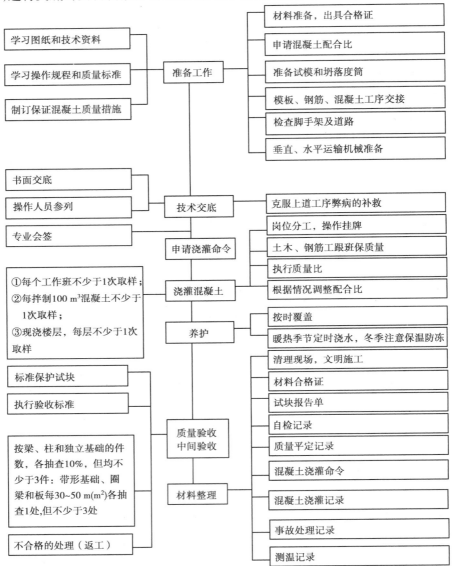

图4.3 混凝土工程质量预控图

关键部位,或技术难度大、施工复杂的检验批,分项施工前,承包单位的技术交底(作业指导书)要报监理工程师。经监理工程师审查后,如技术交底书不能保证作业活动的质量要求,承包单位要进行修改补充。没有做好技术交底的工序或分项工程,不得进入正式实施。

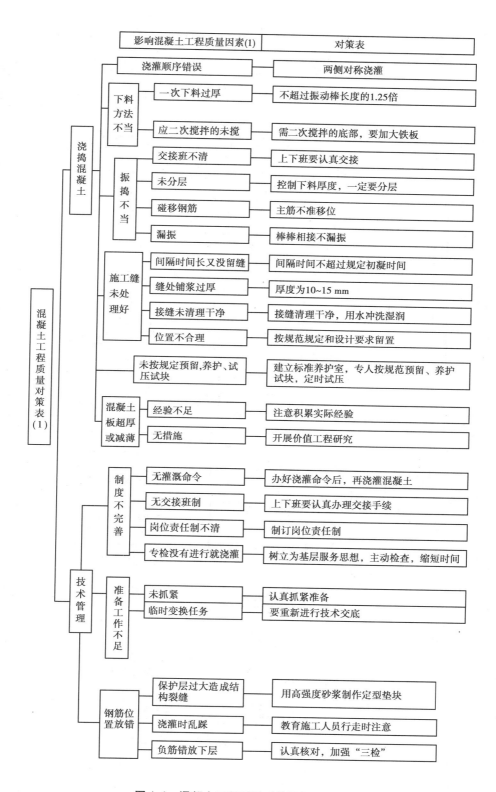

图4.4　混凝土工程质量对策图(1)

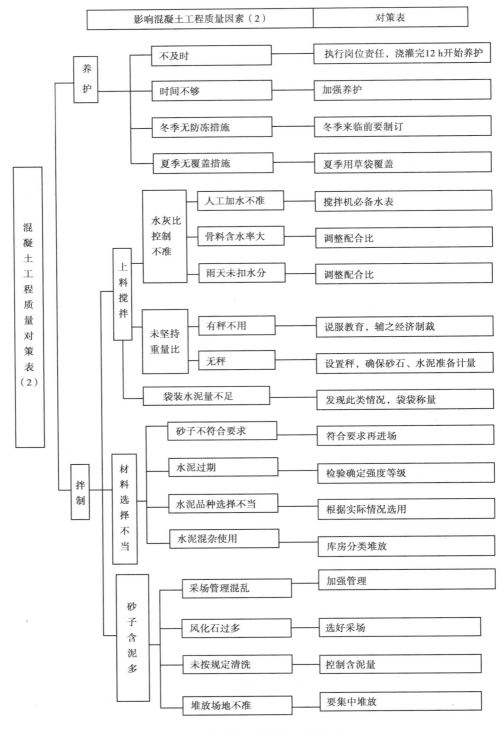

图4.5 混凝土工程质量对策图(2)

（4）进场材料构配件的质量控制

①凡运到施工现场的原材料、半成品或构配件，进场前应向项目监理机构提交《工程材料/构配件/设备报审表》（见附表11），同时附有产品出厂合格证书及技术说明书，由施工承包单位按规定要求进行检验的检验或实验报告，经监理工程师审查并确认其质量合格后，方可进场。

②进口材料的检验、验收，应会同国家商检部门进行。

③材料构配件存放条件的控制。

④对于某些当地材料及现场配料的制品，一般要求承包单位事先进行试验，达到要求标准方可施工。

（5）环境状态的控制

①施工作业环境的控制。施工作业环境主要是指水、电或动力供应，施工照明，安全防护设备，施工场地空间条件和通道，以及交通运输和道路条件等。这些条件是否良好，直接影响施工能否顺利进行，以及施工质量。因此，监理工程师应事先检查承包单位对施工作业环境条件方面的有关准备工作，当确认其准备可靠、有效时，方准许进行施工。

②施工质量管理环境的控制。这主要是指：施工承包单位的质量体系和质量控制自检系统是否处于良好的状态；系统的组织结构、管理制度、检测标准、人员配备等方面是否完善和明确；质量责任制是否落实。监理工程师做好承包单位施工质量管理环境的检查，并督促其落实，是保证作业效果的重要前提。

③现场自然环境条件的控制。监理工程师应检查施工承包单位，在未来施工期间，自然环境条件可能出现对施工作业质量不利影响时，是否事先已有充分的认识并已做好充足的准备和采取有效的措施保证工程质量。

（6）进场施工机械设备性能及工作状态的控制

①施工设备的进场检查。

②机械设备工作状态的检查。

③特殊设备的安全运行检查。

④大型临时设备的检查。

（7）施工测量及计量器性能、精度的控制

①监理工程师对工地试验室的检查。工程作业开始前，承包单位应向项目监理机构报送工地试验室（或外委试验）的资质证明文件，列出本试验室所开展的试验、检测项目，主要仪器、设备；法定计量部门对计量器具的标定证明文件；试验检测人员上岗资质证明；试验室管理制度等。监理工程师应检查工地试验室资质证明文件、试验设备，检测仪器能否满足工程质量要求，是否处于良好的可用状态；精度是否符合需要；法定计量部门标定资料，合格证、率定表是否在标定的有效期内；试验室管理制度是否齐全，符合实际；试验、检测人员的上岗资质等。经检查，确认能满足工程质量检验要求，则予以批准，同意使用；否则，承包单位应进一步完善、补充，在没有得到监理工程师同意之前，工地试验室不得使用。

②工地测量仪器的检查。施工测量开始前，承包单位应向项目监理机构提交测量仪器的型号、技术指标、精度等级、法定计量部门的标定证明、测量工的上岗证明，监理工程师审核确认以后，方可进行正式测量作业。在作业过程中监理工程师也应经常检查了解计量仪器、测量设备的性能、精度状况，使其处于良好的状态之中。

（8）施工现场劳动组织及作业人员上岗资格的控制

①现场劳动组织的控制：

a. 操作人员。从事作业活动的操作者数量必须满足作业活动的需要，相应工种配置能保证作业有序持续进行，不能因人员数量及工种配置不合理而造成停顿。

b. 管理人员到位。作业活动的直接负责人（包括技术负责人）、专职质检人员、安全员、与作业活动有关的测量人员、试验员、材料员必须在岗。

c. 相关制度要健全。如管理层及作业层各类人员的岗位职责；作业活动现场的安全、消防规定；作业活动中环保规定；试验室及现场试验检测的有关规定；紧急情况的应急处理规定等。同时要有相应措施以及手段以保证制度、规定的落实和执行。

②作业人员上岗资格。从事特殊作业的人员（如电焊工、电工、起重工、架子工、爆破工等）必须持证上岗，对此监理工程师要进行检查和核实。

2）作业技术活动运行过程的控制

（1）承包单位的自检与专检工作的监控

①承包单位的自检系统。承包单位是施工质量的直接实施者和责任者。监理工程师的质量监督与控制就是使承包单位建立起完善的质量自检体系并运转有效。承包单位的自检体系表现在以下几点：

a. 作业活动的作业者在作业结束后必须自检；

b. 不同工序交接、转换必须由相关人员交接检查；

c. 承包单位专职质检员的专检。

②监理工程师的检查。监理工程师的质量检查与验收，是对承包单位作业活动质量的复核与确认，监理工程师的检查决不能代替承包单位的自检，而且，监理工程师的检查必须是在承包单位自检并确认合格的基础上进行的。专职质检员没检查的或检查不合格的不能报监理工程师，不符合上述规定的，监理工程师一律拒绝进行检查。

（2）技术复核工作监控

凡涉及施工作业技术活动基准和依据的技术工作，都应该严格进行专人负责的复核性检查，以避免基准失误给整个工程质量带来难以补救的或全局性的危害。常见的施工测量复核有：

①民用建筑的测量复核：建筑物定位测量、基础施工测量、墙体皮数杆检测、楼层轴线检测、楼层间高程传递检测等。

②工业建筑测量复核：厂房控制网测量、桩基施工测量、柱模轴线与高程检测、厂房结构安装定位检测、动力设备基础与预埋螺栓检测。

③高层建筑测量复核：建筑场地控制测量、基础以上的平面与高度控制、建筑物中垂准检测、建筑物施工过程中沉降变形观测等。

④管线工程测量复核：管网或输配电线路定位测量、地下管线施工检测、架空管线施工检测、多管线交汇点高程检测等。

（3）见证取样送检工作的监控

见证取样是对工程项目使用的材料、半成品、构配件的现场取样，工序活动效果的检查实施见证。见证取样的工作程序：

①工程项目施工开始前，项目监理机构要督促承包单位尽快落实见证取样的送检试验室。

试验室一般是和承包单位没有行政隶属关系的第三方。试验室要具有相应的资质,经国家或地方计量、试验主管部门认证,试验项目满足工程需要,试验室出具的报告对外具有法定效果。

②选定的试验室由项目监理机构到负责本项目的质量监督机构备案并得到认可,同时负责见证取样的监理工程师也应在该质量监督机构备案。

③承包单位对进场材料、试块、试件、钢筋接头等实施见证取样要通知负责见证取样的监理工程师,在该监理工程师现场监督下,承包单位按相关规范的要求,完成材料、试块、试件等的取样过程。

④完成取样后,承包单位将送检样品装入木箱,由监理工程师加封,不能装入箱中的试件,则帖上专用加封标志,然后送往试验室。

(4)工程变更的监控

①施工承包单位的要求及处理。在施工过程中承包单位提出的工程变更要求可能有:

a. 对技术修改要求的处理。所谓技术修改,是指承包单位根据施工现场具体条件和自身的技术、经验和施工设备等条件,在不改变原设计图纸和技术文件的原则前提下,提出的对设计图纸和技术文件的某些技术上的修改要求。例如,对某种技术规格的钢筋采用替代规格的钢筋、对基坑开挖边坡的修改等。

承包单位提出技术修改的要求时,应向项目监理机构提交《工程变更单》(见附表17),在表中应说明修改的内容及原因或理由,并附图和有关文件。

技术修改问题一般由专业监理工程师组织承包单位和现场设计代表参加,经各方同意签字后形成纪要,作为工程变更单附件,经总监理工程师批准后实施。

b. 工程变更的要求。这种变更是指施工期间,对于设计单位在设计图纸和设计文件中所表达的设计标准状态的改变和修改。首先承包单位应就要求变更的问题填写《工程变更单》,送交项目监理机构。总监理工程师根据承包单位的申请,经与设计、建设、承包单位研究并作出变更的决定后,签发《工程变更单》,并应附有设计单位提出的变更设计图纸。承包单位签收后按变更后的图纸施工。总监理工程师在签发《工程变更单》之前,应就工程变更引起的工期改变及费用增减分别与建设单位和承包单位进行协商,力求达成双方均能同意的结果。如果变更涉及结构主体及安全,该工程变更还要按有关规定报送施工图原审单位进行审批,否则变更不能实施。

②设计单位提出变更的处理。

a. 设计单位首先将设计变更通知及有关附件报送建设单位;

b. 建设单位会同监理、施工承包单位对设计单位提交的"设计变更通知"进行研究,必要时设计单位还需要提供进一步的资料,以便对变更作出决定;

c. 总监理工程师签发《工程变更单》,并将设计单位发出的设计变更通知作为《工程变更单》的附件,施工承包单位按新的变更图实施。

③建设单位(监理工程师)要求变更的处理。

a. 建设单位(监理工程师)将变更的要求通知设计单位,如果在要求中包括有相应的方案或建议,则应一并报送设计单位;否则,变更要求由设计单位研究解决。在提供审查的变更要求中,应列出所有受该变更影响的图纸、文件清单。

b. 设计单位对《工程变更单》进行研究。如果在"变更要求"中附有建议或解决方案时,设计单位应对建议或方案的所有技术方面进行审查,并确定它们是否符合设计要求和实际情况,然后书面通知建设单位,说明设计单位对该解决方案的意见,并将与该变更有关的图纸、文件清单返回给建设单位,说明自己的意见。如果该《工程变更单》未附有建议的解决方案,则设计单位应对该要求进行详细的研究,并准备出自己对该变更的建议方案,提交建设单位。

c. 根据建设单位的授权,监理工程师研究设计单位所提交的建议设计变更方案或其对变更要求所附方案的意见,必要时会同有关承包单位和设计单位一起进行研究,也可进一步提供资料,以便对变更作出决定。

d. 建设单位作出变更决定后,由总监理工程师签发《工程变更单》,指出承包单位按变更的决定组织施工。

（5）见证点的实施控制

见证点监督,也称 W 点监督。凡是列为见证点的质量控制对象,在规定的关键工序施工前,承包单位应提前通知监理人员在约定的时间内到现场进行见证和对其施工监督。如果监理人员未能在约定的时间内到现场见证和监督,则承包单位有权进行 W 点相应工序的操作和施工。

见证点的监督实施程序:

①承包单位应在某见证点施工之前一定时间,例如 24 h 前,书面通知监理工程师,说明该见证点准备施工的日期和时间,通知监理人员届时到现场进行见证和监督。

②监理工程师收到通知后,应注明收到通知的日期并签字。

③监理工程师应按规定的时间到现场见证。对该见证点实施过程进行认真的监督、检查,并在见证表上详细记录该项工作所在的建筑部位、工作内容、数量、质量及工时等后签字,作为凭证。

④如果监理人员在规定的时间内不能到现场见证,承包单位可以认为已获监理工程师默认,可有权进行该项施工。

⑤如果在此之前监理人员到过现场检查,并将有关意见写在"施工记录"上,则承包单位应在该意见旁写明他根据该意见已采取的改进措施,或者写明某些具体意见。

（6）级配管理质量监控

①拌和原材料的质量控制。使用的原材料除材料本身质量符合规定要求外,材料本身的级配也必须符合相关规定。

②材料配合比的审查。根据设计要求,承包单位首先进行理论配合比设计,进行试配试验后,确认 2 个或 3 个能满足要求的理论配合比提交监理工程师审查。报送的理论配合比必须附有原材料的质量证明资料(现场复验及见证取样试验报告)、现场试块抗压强度报告及其他必须的材料。

③现场作业的质量控制:

a. 拌和设备状态及相关拌合料计量装置、称重衡器的检查。

b. 投入使用的原材料的现场检查是否与批准的一致。

c. 现场作业实际配合比是否符合理论配合比。作业条件发生变化时,是否及时进行了调整。

d. 对现场所作的调整应按技术复核的要求和程序执行。

e. 在现场实际投料拌制时,应作好看板管理。

（7）计量工作质量监控

①施工过程中使用的计量仪器、检测设备、称重衡器的质量控制。

②从事计量作业人员技术水平资质的审核，尤其是现场从事施工测量的测量工，从事试验、检测的试验工。

③现场计量操作的质量控制。计量作业现场的质量控制主要是检查其操作方法是否得当。在抽样检测中，现场检测取点、检测仪器的布置是否正确、合理，检测部位是否有代表性，能否反映真实的质量情况，也是审核的内容。

（8）质量记录资料的监控

质量记录资料包括以下3个方面的内容：

①施工现场质量管理检查记录资料。施工现场质量管理检查记录资料主要包括承包单位现场质量管理制度、质量责任制；主要专业工种操作上岗证书；分包单位资质及总承包单位对分包单位的管理制度；施工图审查核对（记录），地质勘察资料；施工组织设计、施工方案及审批记录；施工技术标准；工程质量检验制度；混凝土搅拌站（级配填料拌和站）及质量设置；现场材料、设备存放与管理等。

②工程材料质量记录。工程材料质量记录主要包括进场工程材料、半成品、构配件、设备的质量证明资料；各种试验检验报告；各种合格证；设备进场运行检验记录。

③施工过程作业活动质量记录资料。施工或安装过程可按分项、分部、单位工程建立相应的质量记录资料。在相应质量记录资料中应包含有关图纸的图号、设计要求；质量自检资料；各工序作业的原始施工记录；检测及试验报告；材料、设备质量资料的编号、存放档案卷号。此外，质量记录资料还应包括不合格项的报告、通知以及处理及检查验收资料等。质量记录资料应在工程施工或安装前，由监理工程师和承包单位一起，根据建设单位的要求及工程竣工验收资料组卷归档的有关规定，研究列出各施工对象的质量资料清单。随着工程施工的进展，承包单位应不断补充和填写有关材料、构配件及施工作业活动的有关内容，记录新的情况。当每一阶段施工或安装工作完成后，相应的质量记录资料也应随之完成，并整理组卷。

（9）工地例会的管理

工程例会是施工过程中建设项目各参加方沟通情况、解决分歧、形成共识、作出决定的主要渠道，也是监理工程师开展监理工作的重要方式。通过工地例会，监理工程师检查分析施工工程质量状况，指出存在的问题，承包单位提出整改措施，并做出相应的保证。由于参加工地例会的人员较多，层次较高，会上容易就问题达成共识。

除例行的工地例会外，针对某些专门质量问题，监理工程师还应组织专题会议，集中解决较重大或普遍存在的问题。实践证明采用这种方式比较容易解决问题，使质量状况得以改善。

为开好工地例会及质量专题会议，监理工程师要充分了解情况，判断要准确，决策要正确。此外，要讲究方法，协调处理各种矛盾，不断提高会议质量，使工地例会真正起到解决问题的作用。

（10）停、复工令的实施

①工程暂停指令的下达。为确保作业质量，根据委托监理合同中建设单位对监理工程师的授权，出现下列情况需要停工处理时，应下达停工指令：

● 施工作业活动存在重大隐患，可能造成质量事故或已经造成质量事故。

● 承包单位未经许可擅自施工或拒绝项目监理机构管理。

●在出现下列情况下,总监理工程师有权行使质量控制权,下达停工指令,及时进行质量控制:

a.施工中出现质量异常情况,经提出后,承包单位未采取有效措施,或措施不力未能扭转异常情况者;

b.隐蔽作业未经依法查验确认合格,而擅自封闭者;

c.已发生质量问题,但迟迟未按监理工程师要求进行处理,或者是已发生质量缺陷或问题,如不停工则质量缺陷或问题将继续发展的情况;

d.未经监理工程师审查同意,而擅自变更设计或修改图纸进行施工者;

e.未经技术资质审查的人员或不合格人员进入现场施工;

f.使用的原材料、构配件不合格或未经检查确认者,或擅自采用未经审查认可的代用材料者;

g.擅自使用未经项目监理机构审查认可的分包单位进场施工。

总监理工程师在签发工程暂停令时,应根据停工原因的影响范围和影响程度,确定工程项目停工范围。

②恢复施工指令的下达。承包单位经过整改具备恢复施工条件时,承包单位向项目监理机构报送复工申请及有关材料,证明造成停工的原因已消失。经监理工程师现场复查并认可,总监理工程师应及时签署工程复工报审表,指令承包单位继续施工。

③总监理工程师下达停工令及复工指令,宜事先向建设单位报告。

3)作业技术活动结果的控制

(1)作业技术活动结果的控制内容

作业活动结果,泛指作业工序的产出品、分项分部工程的已完施工及准备交验的单位工程等。作业技术活动结果的控制是施工过程中间产品及最终产品质量控制的方式,只有作业活动的中间产品质量都符合要求,才能保证最终单位工程产品的质量,主要内容有:

①基槽(基坑)验收。基槽开挖是基础施工中的一项内容,由于其质量状况对后续工程质量影响大,故均作为一个关键工序或一个检验批进行质量验收。基槽开挖质量验收主要涉及地基承载力的检查确认。基槽开挖验收均要有勘察设计单位的有关人员参加,并请当地或主管质量监督部门参加,经现场检查、测试(或平行检测)确认其地基承载力是否达到设计要求,地质条件是否与设计相符。如相符,则共同签署验收资料,如达不到设计要求或与勘察设计资料不符,则应采取措施进一步处理或工程变更,由原设计单位提出处理方案,经承包单位实施完毕后重新验收。

②隐蔽工程验收。隐蔽工程是指将被后续工程施工所隐蔽的分项、分部工程。由于检查对象就要被其他工程覆盖,因此在隐蔽前必须对其检查验收,它是质量控制的一个关键过程。

●工作程序

a.隐蔽工程施工完毕,承包单位按有关技术规程、规范、施工图纸先进行自检,自检合格后,填写《报验申请表》(见附表4),附上相应的工程检查证明(或隐蔽工程检查记录)及有关材料证明、试验报告、复试报告等,报送项目监理机构;

b.监理工程师收到报验申请后首先对质量证明资料进行审查,并在合同规定的时间内到现场检查(检测或核查),承包单位的专职质检员及相关施工人员应随同一起到现场;

c.经现场检查,如符合质量要求,监理工程师在《报验申请表》及工程检查证明(或隐蔽工程检查记录）上签字确认,准予承包单位隐蔽、覆盖,进入下一道工序施工。如经现场检查发现不合格,监理工程师签发"不合格项目通知"指令承包单位整改,整改后自检合格再报监理工程师复查。

● 隐蔽工程检查验收的质量控制要点 以工业及民用建筑为例,下述工程部位进行隐蔽检查时必须重点控制,防止出现质量隐患。

a. 基础施工前对地基质量的检查,尤其要检测地基承载力;

b. 基坑回填土前对基础质量的检查;

c. 混凝土浇注前对钢筋的检查（包括模板检查）;

d. 混凝土墙体施工前,对敷设在墙内的电线管质量检查;

e. 防水层施工前对基层质量的检查;

f. 建筑幕墙施工挂板之前对龙骨系统的检查;

g. 层面板与屋架（梁）埋件的焊接检查;

h. 对避雷引下线及接地引下线的连接的检查;

i. 覆盖前对直埋于楼地面的电缆,封闭前对敷设于暗井道、吊顶、楼板垫层内的设备管道的检查;

j. 对易出现质量通病的部位的检查。

③工序交接验收。工序是指作业活动中一种必要的技术停顿,作业方式的转换及作业活动效果的中间确认。上道工序应满足下道工序的施工条件和要求。对相关专业工序之间也是如此。通过工序间的交接验收,使各工序间和相关专业工程之间形成一个有机整体。

④检验批,分项、分部工程的验收。检验批的质量应按主控项目和一般项目验收。一检验批（分项、分部工程）完成后,承包单位应首先自行检查验收,确认符合设计文件、相关验收规范的规定,然后向监理工程师提交申请,由监理工程师予以检查、确认。监理工程师按合同文件的要求,根据施工图纸及有关文件、规范、标准等,从外观、几何尺寸、质量控制资料以及内在质量等方面进行检查、审核。如确认其质量符合要求,则予以确认验收。如有质量问题则指令承包单位进行处理,待质量合乎要求后再予以检查验收。对涉及结构安全和使用功能的重要分部工程抽样检测。

⑤联动试车或设备的试运转。

⑥单位工程或整个工程项目的竣工验收。在一个单位工程或整个工程项目完成后,施工单位应先竣工自检,自检合格后,向项目监理机构提交《工程竣工报验单》（见附表6）,总监理工程师组织专业监理工程师进行竣工初验,其主要工作包括以下几个方面:

a. 审查承包单位提交的竣工验收文件资料,包括各种质量控制资料、试验报告以及各种有关的技术性文件等。若所提交的验收文件、资料不齐全或有相互矛盾和不符之处,应指令承包单位补充、核实及改正。

b. 审核承包单位提交的竣工图,并与已完工程有关的技术文件（如设计图纸、工程变更文件、施工记录及其他文件施工记录及其他文件）对照进行核查。

c. 总监理工程师组织专业监理工程师对拟验收工程项目的现场进行检查,如发现质量问题应指令承包单位进行处理。

d. 对拟验收项目初验合格后,总监理工程师对承包单位的《工程竣工报验单》予以签认,并上报建设单位。同时提出"工程质量评估报告"是工程验收中的重要资料,它由项目监理工程师和监理单位技术负责人签署。

e. 参加建设单位的正式竣工验收。

⑦不合格的处理。上道工序不合格,不准进入下道工序施工;不合格的材料、构配件、半成品不准进入施工现场且不允许使用;已经进场的不合格品应及时作出标志、记录,指定专人看管,避免用错,并限期清除出现场;不合格的工序或工程产品,不予计价。

⑧成品保护。

● 成品保护的要求　监理工程师应对承包单位所承担的成品保护质量与效果进行经常性的检查。对承包单位进行成品保护的基本要求:在承包单位向建设单位提出工程竣工验收申请或向监理工程师提出分部、分项工程的中间验收时,其提请验收工程的所有组成部分均应符合并达到合同文件规定的或施工图纸等技术文件所要求的质量标准。

● 成品保护的一般措施　根据需要保护的建筑产品的特点不同,可以分别对成品采取防护、覆盖、封闭等保护措施,以及合理安排施工顺序来达到成品保护的目的。

(2)作业技术活动结果检验程序与方法

①检验程序。作业活动结束,应先由承包单位的作业人员按规定进行自检,检查合格后与下一工序的作业人员互检,如满足要求则由承包单位专职质检员进行检查,以上自检、互检、专检均符合要求后则由承包单位向监理工程师提交"报验申请表"。监理工程师收到通知后,应在合同规定的时间内及时对其质量进行检查,确定其质量合格后予以签认签收。

②质量检验的主要方法。对于现场所用原材料、半成品、工序过程或工程产品质量进行检验的方法,一般可分为3类,即目测法、检测工具量测法以及试验法。

● 目测法　目测法即凭借感官进行检查,也可以称为观感检验。这类方法主要是根据质量要求,采用看、摸、敲、照等方法对检查对象进行检查。

● 量测法　量测法就是利用量测工具或计量仪表,通过实际量测结果与规定的质量标准或规范的要求相对照,从而判断质量是否符合要求。量测的方法可归纳为:靠、吊、量、套。

● 试验法　试验法指通过进行现场试验或试验室试验等理化试验手段,取得数据,分析判断质量情况,包括理化试验和无损测试或检验。

4)施工过程质量控制手段

(1)审核技术文件、报告和报表

审核技术文件、报告和报表是对工程质量进行全面监督、检查与控制的重要手段。审核的具体内容包括以下几个方面:

①审核进入施工现场的分包单位的资质证明文件,控制分包单位的质量。

②审核承包单位的开工申请书,检查、核实与控制其施工准备工作质量。

③审批承包单位提交的施工方案、质量计划、施工组织设计或施工计划,控制工程施工质量的技术措施保障。

④审批承包单位提交的有关材料、半成品和结构配件质量证明文件(出厂合格证、质量检验或试验报告等),确保工程质量有可靠的物质基础。

⑤审核承包单位提交的反映工序施工质量的动态统计资料或管理图表。

⑥审核承包单位提交的有关工序产品质量的证明文件、工序交接检查、隐蔽工程检查、分部分项工程质量检查报告等文件、资料,以确保和控制施工过程的质量。

⑦审核有关工程变更、修改设计图纸等,确保设计及施工图纸的质量。

⑧审核有关应用新技术、新工艺、新材料、新结构等的技术鉴定书,审核其应用申请报告,确保新技术应用的质量。

⑨审核有关工程质量问题或问题的处理报告,确保质量问题或质量问题处理的质量。

⑩审核与签署现场有关质量技术签证、文件等。

（2）指令文件与一般管理文书

指令文件是监理工程师运用指令控制权的具体形式。所谓指令文件,是表达监理工程师对承包单位提出指令或命令的书面文件,属要求强制性执行的文件。一般管理文书,如监理工程师函、备忘录、会议纪要、发布有关信息、通报等,主要是对承包商工作状态和行为提出建议、希望和劝阻等,不属强制性要求执行,仅供承包单位自主决策参考。

（3）现场监督和检查

①现场监督检查的内容:

a.开工前的检查,主要是检查开工前准备工作的质量,能否保证正常施工及工程施工质量。

b.工序施工中的跟踪监督、检查与控制。主要是监督、检查工序施工过程中人员、施工机械设备、材料、施工方法及工艺或操作以及施工环境条件等是否均处于良好的状态,是否符合保证工程质量的要求,若发现有问题及时纠偏和加以控制。

c.对重要的和对工程质量有重大影响的工序和工程部位,还应在现场进行施工过程的旁站监督与控制,确保使用材料及工艺过程质量。

②现场监督检查的方式:

● 旁站与巡视　旁站是指在关键部位或关键工序施工过程中由监理人员在现场进行的监督活动。旁站的部位或工序要根据工程特点,也应根据承包单位内部质量管理水平及技术水平决定。巡视是指监理人员对正在施工的部位或工序现场进行的定期或不定期的监督活动,巡视是一种"面"上的活动,它不限于某一部位或过程,而旁站则是"点"的活动,它是针对某一部位或工序。

● 平行检验　监理工程师利用一定的检查或检测手段在承包单位自检的基础上,按照一定的比例独立进行检查或检测的活动。

（4）规定质量监控工作程序

按规定的质量监控程序进行工作,也是进行质量监控的必要手段。

（5）利用支付手段

利用支付手段是国际上较通用的一种重要的控制手段,也是建设单位或合同中赋予监理工程师的支付控制权。所谓支付控制权就是对施工承包单位支付任何工程款项,均需由总监理工程师审核签署支付证明书,没有总监理工程师签署的支付证书,建设单位不得向承包单位支付工程款。

·4.2.5　设备采购的质量控制·

1）市场采购设备的质量控制

（1）设备采购方案的质量控制

建设单位直接采购,监理工程师要协助编制设备采购方案;总承包单位或设备安装单位采购,监理工程师要对总承包单位或安装单位编制的采购方案进行审查。

①设备采购方案的编制。编制设备采购方案,要根据建设项目的总体计划和相关设计文件的要求,采购的设备必须符合设计要求。方案要明确设备采购的原则、范围、内容、程序、方式和方法,采购方案中要包括采购设备的类型、数量、质量要求、周期要求、市场供货情况、价格控制要求等因素,从而使整个设备采购过程符合项目建设的总体计划,设备满足质量要求,设备采购方案最终获得建设单位的批准。

②设备采购的原则。

a. 向有良好信誉,供货质量稳定、合格的供货商采购;

b. 所采购设备的质量是可靠的,满足设计文件所确定的各项技术要求,能保证整个项目生产或运行的稳定性;

c. 所采购设备和配件的价格是合理的,技术相对先进,交货及时,维修和保养能得到充分保障;

d. 符合国家对特定设备采购的政策法规。

③设备采购的范围和内容。根据设计文件,对需采购设备编制拟采购的设备表,以及相应的备品配件表,包括名称、型号、规格、数量、主要技术性能、要求交货期,以及这些设备相应的图纸、数据表、技术规格、说明书、其他附件等。

(2)市场采购设备的质量控制要点

①为使采购的设备满足要求,负责设备采购质量控制的监理工程师应熟悉和掌握设计文件中设备的各项要求、技术说明和规范标准。这些要求、说明和标准包括采购设备的名称、型号、规格、数量、技术性能、适用的制造和安装验收标准,要求的交货时间、交货方式与地点,以及其他技术参数、经济指标等各种资料和数据,并对存在的问题通过建设单位向设备设计单位提出意见和建议。

②承包单位或设备安装单位负责采购的人员应具有相应的设备专业知识,了解设备的技术要求、市场供货情况,熟悉合同条件及采购程序。

③由总承包单位或设备安装单位采购的设备,采购前要向监理工程师提交设备采购方案,经审查同意后方可实施。对设备采购方案的审查,重点包括采购的基本原则,保证设备质量的具体措施,依据的图纸、规格和标准,质量标准,检查及验收程序,质量文件要求等。

2)向生产厂家订购设备的质量控制

选择一个合格的供货厂商,是向厂家订购设备质量控制工作的首要环节。为此,设备订购前要做好厂商的评审与实地考察。

(1)合格供货厂商的评审

按照建设单位、监理单位或设备采购代理单位规定的评审内容,在各同类厂商中进行横向比较,以确定认可的厂商。在评审过程中,对于以往的评审项目由业务往来且实践表明能充分合作的厂商可优先考虑。对供货厂商进行评审的内容包括以下几个方面:

①供货厂商的资质。供货厂商的营业执照、生产许可证、经营范围是否涵盖了拟采购设备,注册资金能否满足采购设备的需要。对需要承担设计并制造专用设备的供货厂商或承担制造并安装设备的供货厂商,还应审查设计资格证书或安装资格证书。

②设备供货能力。包括企业的生产能力、装备条件、技术水平、工艺水平、人员组成、生产管理、质量优劣、财务状况好坏、售后服务的优劣及企业的信誉,检测手段、人员素质、生产计划调度和文明生产的情况、工艺规程执行情况、质量管理体系运转情况、原材料和配套零部件及

元器件采购渠道,以前是否生产过这种设备等。

③近几年供应、生产、制造类似设备的情况,目前正在生产的设备情况、生产制造设备情况、产品质量状况。

④过去若干年的资金平衡表和负债表,下一年度财务预测报告。

⑤要另行分包采购的原材料、配套零部件及元器件情况。

⑥各种检验检测手段及试验室资质,企业的各项生产、质量、技术、管理制度的执行情况。

(2)做出调查结论

在初选确定供货厂商名单后,项目监理机构应和建设单位或采购单位一起对供货厂商做进一步现场实地考察调研,提出监理单位的看法,与建设单位一起做出考察结论。

3)招标采购设备的质量控制

选择合适的设备供应单位是控制设备质量的重要环节。在设备招标采购阶段,监理单位应该当好建设单位的参谋和助手,把好设备订货合同中技术标准、质量标准的审查关。

①掌握设计对设备提出的要求,协助建设单位起草招标文件,审查招标单位的资质情况和投标单位的设备供货能力,做好资质预审工作。

②参加对设备供货制造厂商或投标单位的考察,提出建议,与建设单位一起做出考察结论。

③参加评标、定标会议,帮助建设单位进行综合比较和确定中标单位。评标是对设备的制造质量,设备的使用寿命和成本,维修的难易及备件的供应,安装调试,投标单位的生产管理、技术管理、质量管理和企业的信誉等几个方面作出评价。

④协助建筑单位向中标单位或设备供货厂商移交必要的技术文件。

· 4.2.6 设备制造的质量控制 ·

1)设备制造的质量监控方式

对于某些重要的设备,要对设备制造厂生产制造的全过程实行监造。设备监造是指有资质的监理单位依据委托监理合同和设备订货合同对设备制造过程进行的监督活动。监造人员原则上是由设备采购单位派出。建设单位直接采购,或招标采购,则委托监理工程师实施。由总承包单位或建筑安装单位采购可自己安排监造人员,也可由项目监理机构派出,此时,项目监理机构将设备制造厂作为工程项目总承包单位的分包单位实施管理,特别是对主要或关键设备,更是如此。

(1)驻厂监造

采取这种方式实施设备监造,监造人员直接进入设备制造厂的制造现场,成立相应的监造小组,编制监造规划,实施设备制造全过程的质量监控。驻厂监造人员及时了解设备制造过程质量的真实情况,审批设备制造工艺方案,实施过程控制,进行质量检查与控制,对设备最后出厂签署相应的质量文件。

(2)巡回监控

对某些设备(如制造周期长的设备),则可采用巡回监控的方式。质量监控的主要任务是监督制造厂商不断完善质量管理体系,监督检查材料进厂使用的质量监控,工艺过程、半成品的质量控制,复核专职质检人员质量检验的准确性、可靠性。监造人员根据设备制造计划及生产工艺安排,当设备制造进入某一特定部位或某一阶段,监造人员对完成的零件、半成品的质量进行复核性检验,参加整机装配及整机出厂前的检查验收,检查设备包装、运输的质量措施。在设备制造工程中,监造人员要定期或不定期地到制造现场,检查了解设备制造过程的质量状况,发现问题及时处理。

(3)设置质量控制点监控

①质量控制点的设置。质量控制点应设置在对设备制造质量有明显影响的特殊或关键工序处,或针对设备的主要、关键部件,加工制造的薄弱环节及易产生质量缺陷的工艺过程。

a. 设备制造图纸的复核;

b. 制造工艺流程安排、加工设备精度的审查;

c. 原材料、外购配件、零部件的进厂、出库,使用前的检查;

d. 零部件、半成品的检查,设备检查方法,采用的标准,试验人员岗位职责及技术水平;

e. 专职质检人员、试验人员、操作人员的上岗资格;

f. 工序交接见证点;

g. 成品零件的标志入库、出库管理;

h. 零部件的现场装配;

i. 出厂前整机性能检测(或预拼装);

j. 出厂前装箱的检查确认。

②质量控制点设置示例。钢结构焊接部件、机械类部件、电气自动化部件均是设备制造中的关键部件,其质量控制点设置如下:

a. 钢结构焊接部件:放样、切割下料尺寸,坡口焊接,部件组装,变形校正,油漆无损探伤等工序及工艺过程。

b. 机械类部件:调直处理、机械加工精度、组装等工序及工艺过程。

c. 电气自动化部件:元件、组件、部件组装前的检查,组装过程,仪表安装,线路布线,空载和负荷试验等。

2)设备制造前的质量控制

(1)熟悉图纸、合同,掌握标准、规范、规程,明确质量要求

在总监理工程师的组织和指导下,监理工程师应熟悉和掌握设备制造图纸、有关技术说明和规范标准,掌握设计意图和各项设备制造的工艺规程要求以及采购订货合同中有关设备制造的各项规定。为确保设备质量,对可能存在的问题要通过建设单位向设备设计单位提出意见和建议。

(2)明确设备制造过程的要求及质量标准

参加建设单位组织的设备制造图纸的设计交底或制造图纸会审时,进一步明确设备制造过程的要求及质量标准。对图纸中存在的差错或问题通过建设单位向设计单位提出意见或建议。督促设备制造单位认真进行图纸核对,尤其是尺寸、公差、各种配合精度要求,要及时进行技术澄清。

(3)审查设备制造的工艺方案

设备制造单位必须根据设备制造图纸和技术文件的要求,采用先进合理并适合制造单位实施的工艺技术预流程,运用科学管理的方法,将加工设备、工艺装备、操作技术、检测手段和材料、能源、劳动力等合理组织起来,为设备制造做好技术准备。这种生产技术准备包括工艺

设计、工艺装备设计与制造、主要及关键部件检验工艺设计和专用检测工具设计及制造、试车作业指导书、包装作业指导书、生产计划、外协作加工计划、原材料和毛坯准备、外购配件及元器件准备等。

（4）对设备制造分包单位的审查

对设备制造过程中的分包单位，总监理工程师应严格审查分包单位的资质情况，分包的范围和内容，分包单位的实际生产能力和质量管理体系，试验、检验手段及资质符合要求后应予以确认。

（5）检验计划和检验要求的审查

审查内容包括设备制造各阶段的检验部位、内容、方法、标准及检测手段、检测设备和仪器，制造厂的试验室资质、管理制度，符合要求后予以确认。

（6）对生产人员上岗资格的检查

监理工程师对设备制造的生产人员是否具有相应的技术操作证书、技术水平进行检查，符合要求的人员方可上岗，尤其是一些特殊作业工种，如电焊工、模具钳工、装配钳工、专用设备的操作人员等。

（7）用料的检查

监理工程师应对设备制造过程中使用的原材料、外购配件、元器件、标准件以及坯料的材质证明书、合格证书等质量证明文件及设备制造厂自检的检验报告进行审查，并对外购器件、外协作加工件和材料进行质量验收，符合规定后予以鉴认。

3）设备制造过程的质量监控

（1）制造过程的监督和检验

①加工制造作业条件的控制。加工制造作业条件，包括作业开始前编制的工艺卡片、工艺流程、工艺要求，对操作者的技术交底，加工设备的完好情况及精度，加工制造车间的环境，生产调度安排，作业管理等，做好这些方面的控制，就为加工制造打下了一个良好的基础。

②工序产品的检查和控制。设备制造涉及诸多工艺过程或不同的工序。一般每一设备要经过铸造、锻造、机械加工、调质处理、焊接、连接及组装等工序。控制零件加工制造中每一道工序的加工质量是零件制造的基本要求，也是设备整体质量的保证。所以，在每道工序中都要进行加工质量的检验。检验是对零件制造的质量特性进行测量、检查、试验和计量，并将检验的数据与设计图纸或者工艺流程规定的数据比较，判断质量特性是否符合要求，从而鉴别零件是否合格，为每道工序把好关。同时，零件检验还要及时汇总和分析质量信息，为采取纠正措施提供依据。

③不合格零件的处置。当监理工程师认为设备制造单位的制造活动不符合质量要求时，应指令设备制造单位进行返修或返工。当发生质量失控或重大质量事故时，由总监理工程师下达暂停制造指令，提出处理意见，并及时报建设单位。

④零件、半成品、制成品的保护。监督设备制造单位对已合格的零部件做好贮存、保管，防止遭受污染，锈蚀及控制系统的失灵，避免配件、备件的遗失；做好零件入库、出库管理工作（领用及登记等）。

（2）设备的装配和整机性能检测

设备的装配和整机性能检测是设备制造质量的综合评定，是设备出厂前质量控制的重要检测阶段。

①设备装配过程的监督。装配是指将合格的零件和外购配件、元器件按设计图纸的要求和装配工艺规定进行配合、定位和连接,将它们装配在一起并调整零件之间的关系,使之形成具有规定技术性能的设备。监理工程师应监督整个装配过程,检查配合面的配合质量、零部件的定位质量及它们的连接质量、运动件的运动精度等,当符合装配质量要求时予以签认。

②监督设备的调整试车和整机性能检测。按设计要求及合同规定,如设备需要进行出厂前的试车或整机性能检测,监理工程师在接到设备制造单位的申请后,经审查,如认为已达到条件,则应批准其申请,此时,总监理工程师应组织专业监理工程师参加设备的调整试车和整机性能检测,记录数据,验证设备是否达到合同规定的技术质量要求,是否符合设计和设备制造规程的规定,符合要求后予以签认。

(3)设备出厂的质量控制

①出厂前的检查。在设备运往现场前,监理工程师应按设计要求检查设备制造单位对待运设备采取的防护和包装措施,并应检查是否符合运输、装卸、储存、安装的要求,以及相关的随机文件、装箱单和附件是否齐全,符合要求后由总监理工程师签字同意后方可出厂。

②设备运输的质量控制。为保证设备的质量,设备制造单位在设备运输前应做好包装工作和制订合理的运输方案。监理工程师要对设备包装质量进行检查,审查设备运输方案。

● 包装的基本要求

a. 设备在运输过程中要经受多次装卸和搬运,因此,必须采取良好的防湿、防潮、防尘、防锈和防震等保护措施进行运输、包装,确保设备安全无损运抵安装现场;

b. 必须按照国家或国际包装标准及订货合同规定的某些特殊运输包装条款进行包装,满足验箱机构的检验;

c. 运输前应对放置形式、装卸起重位置等进行标记;

d. 运输前应核对、检查设备及其配件的相关随机文件、装箱单和附件等资料。

● 运输方案的审查

a. 审查设备运输方案,特别是大型、关键设备的运输,包括运输前的准备工作、运输时间、运输方式、人员安排、起重和加固方案,是整机运输,还是分部件拆装运输等;

b. 对承运单位的审查,包括考察其承运实力、技术水平、运输条件及服务、信誉等;

c. 审查办理海关、保险业务的情况;

d. 审查运货台账、运输状态报告的准备情况;

e. 运输安全设施。

③设备运输中重点环节的控制。

a. 检查整个运输过程是否按审批后的运输方案执行,督促运输措施的落实;

b. 监督主要设备和进口设备的装卸工作并作好记录,若发现问题应及时提出并会同有关单位做好文件签署手续;

c. 检查运输过程中设备存储场所的环境和存储条件是否符合要求,督促设备保管部门定期检查和维护储存的设备;

d. 在装卸、运输、储存过程中,检查是否根据包装标志的示意及存放要求处理。

④设备交货地点的检查与清点。

a. 现场接货准备工作的检查;

b. 设备交货的检查和清点。审查制订的开箱检验方案,以及检查措施的落实情况。应在开箱前按合同规定确定是否需要由设备制造单位、订货单位、建设单位代表、设计单位代表参加。进口设备还需海关、商检等部门共同参加。

（4）质量记录资料的监控

①制作单位质量管理检查资料。它包括：质量管理制度、质量责任制、试验检验制度；试验、检测仪器设备质量证明资料；特殊工种、试验检测人员上岗证书；分包制造单位的资质及总制造单位的管理制度；原材料进场复检规定；零件、外购部件检查制度。

②设备制造依据及工艺资料。包括制造检验技术标准；设计图审查记录；制造图、零件图、装配图、工艺流程图；工艺设计；工艺设备设计及制造资料；主要及关键部件检验工艺设计和专用检测工具设计制造资料。

③设备制造材料的质量记录。包括原材料进厂合格资料；进厂后材料理化性能检测复验报告；外购部件的质量证明资料。

④零部件加工检查验收资料。包括工序交接检查验收记录；焊接探伤检测报告；监理工程师检查验收资料；设备试装、试拼记录；整机性能检测资料；设计变更记录；不合格零配件处理返修记录。

⑤监理工程师对质量记录资料的要求。质量资料要真实、齐全完整，相关人员的签字齐备，结论要准确；质量资料与制造过程要同步；组卷、归档要符合接收及安装单位的规定。

4.3　工程施工质量验收

· 4.3.1　建筑工程施工质量验收统一标准、规范体系的构成 ·

建筑工程施工质量验收统一标准、规范体系由《建筑工程施工质量验收统一标准》（GB 50300—2013）和各专业验收规范共同组成，在使用过程中必须配套使用。各专业验收规范具体包括《建筑地基基础工程施工质量验收规范》（GB 50202—2009）、《砌体工程施工质量验收规范》（GB 50203—2011）、《混凝土结构工程施工质量验收规范》（GB 50204—2015）、《钢结构工程施工质量验收规范》（GB 50205—2012）、《木结构工程施工质量验收规范》（GB 50206—2012）、《屋面工程质量验收规范》（GB 50207—2012）、《地下防水工程质量验收规范》（GB 50208—2011）、《建筑地面工程施工质量验收规范》（GB 50209—2010）、《建筑装饰装修工程质量验收标准》（GB 50210—2018）、《给排水管道工程施工及验收规范》（GB 50268—2008）、《通风与空调工程施工质量验收规范》（GB 50243—2016）、《建筑电气工程施工质量验收规范》（GB 50303—2015）、《电梯工程施工质量验收规范》（GB 50310—2002）等。

1）施工质量验收统一标准、规范体系的编制指导思想

为进一步做好工程质量验收工作，结合当前建设工程质量管理的方针和政策，增强各规范间的协调性及适应性并考虑与国际惯例接轨，在建筑工程质量验收标准、规范体系的编制中应坚持"验评分离、强化验收、完善手段、过程控制"的指导思想。

2）施工质量验收统一标准、规范体系的编制依据

建筑工程施工质量验收统一标准的编制依据，主要是《中华人民共和国建筑法》《建筑工程质量管理条例》《建筑结构可靠度设计统一标准》及其他有关设计规范等。

·4.3.2 建筑工程施工质量验收的术语和基本规定·

1）施工质量验收的有关术语

《建筑工程施工质量验收统一标准》（GB 50300—2013）中共给出 17 个术语，下面列出几个较重要的质量验收术语。

- 验收：建筑工程施工单位在自行质量检查评定的基础上，参与建设活动的有关单位共同对检验批、分项工程、分部工程、单位工程的质量进行抽样复验，根据相关标准以书面形式对工程质量达到合格与否作出确认。
- 检验批：是指按同一的生产条件或按规定的方式汇总起来供检验用的，由一定数量样本组成的检验体。检验批是施工质量验收的最小单位，是分项工程乃至整个建筑工程质量验收的基础。
- 主控项目：建筑工程中对安全、卫生、环境保护和公众利益起决定性作用的检验项目。
- 一般项目：除主控项目以外的项目都是一般项目。
- 观感质量：通过观察和必要的测量所反映的工程外在质量。
- 返修：对不符合工程标准规定的部位采取整修等措施。
- 返工：对不合格的工程部位采取重新制作、重新施工等措施。

2）施工质量验收的基本规定

施工现场质量管理应有相应的施工技术标准、健全的质量管理体系、施工质量检验制度和综合施工质量水平评价考核制度，并做好施工现场质量管理检查记录。施工现场质量管理检查记录应由施工单位按表填写，总监理工程师（建设单位项目负责人）进行检查，并作出检查结论。

建筑工程施工质量应按下列要求进行验收：

①建筑工程施工质量应符合《建筑工程施工质量验收统一标准》和相关专业验收规范的规定。

②建筑工程施工应符合工程勘察、设计文件的要求。

③参加工程施工质量验收的各方人员应具备规定的资格。

④工程质量验收应在施工单位自行检查评定的基础上进行。

⑤隐蔽工程在隐蔽前应由施工单位通知有关方进行验收，并应形成验收文件。

⑥涉及结构安全的试块、试件以及有关资料，应按规定进行见证取样检测。

⑦检验批的质量应按主控项目和一般项目验收。

⑧对涉及结构安全和使用功能的分部工程应进行抽样检测。

⑨承担见证取样检测及有关结构安全检测的单位应具有相应资质。

⑩工程的观感质量应由验收人员通过现场检查，并应共同确认。

·4.3.3 建筑工程施工质量验收的划分·

1）施工质量验收层次划分的目的

通过验收批和中间验收层次及最终验收单位的确定，实施对工程施工质量的过程控制和终端把关,确保工程施工质量达到工程项目决策阶段所确定的质量目标和水平。

2)单位工程划分

单位工程划分应按下列原则确定:

①具备独立施工条件并能形成独立使用功能的建筑物为一个单位工程,如一所学校的一栋教学楼、某城市的广播电视塔等。

②规模较大的单位工程,可将能形成独立使用功能的部分划分为一个子单位工程。子单位工程的划分一般可根据工程的建筑设计分区、使用功能的显著差异、结构缝的设置等实际情况,在施工前由建设、监理、施工单位自行商定,并据此收集整理施工技术资料和验收。

③室外工程可根据专业类别和工程规模划分单位(子单位)工程,如室外单位(子单位)工程、分部工程。

3)分部工程的划分

分部工程的划分应按下列原则确定:

①分部工程的划分应按专业性质、建筑部位确定。如建筑工程划分为地基与基础、主体结构、建筑装饰装修、建筑屋面、建筑给水排水及采暖、建筑电气、智能建筑、通风与空调、电梯9个分部工程。

②当分部工程较大或较复杂时,可按施工程序、专业系统及类别等划分为若干个子分部工程。如智能建筑分部工程中就包含了火灾及报警消防联动系统、安全防范系统、综合布线系统、智能化集成系统、电源与接地、环境、住宅(小区)智能化系统等子分部工程。

4)分项工程的划分

分项工程应按主要工种、材料、施工工艺、设备类别等进行划分。如混凝土结构工程按主要工种分为模板工程、钢筋工程、混凝土工程等分项工程;按施工工艺又分为预应力、现浇结构、装配式结构等分项工程。

建筑工程分部(子分部)工程、分项工程的具体划分见《建筑工程施工质量验收统一标准》(GB 50300—2013)。

5)检验批的划分

分项工程可由一个或若干个检验批组成,检验批可根据施工及质量控制和专业验收需要按楼层、施工段、变形缝等进行划分。建筑工程的地基基础分部工程中的分项工程一般划分为一个检验批;有地下层的基础工程可按不同地下层划分检验批;屋面分部工程根据分项工程不同楼层屋面可划分为不同的检验批;单层建筑工程中的分项工程可按变形缝等划分检验批,多层及高层建筑工程中主体分部的分项工程可按楼层或施工段来划分检验批;其他分部工程中的分项工程一般按一个设计系统或组别划分为一个检验批;室外工程统一划分为一个检验批;散水、台阶、明沟等含在地面检验批中。

· 4.3.4 建筑工程施工质量验收 ·

1)检验批的质量验收

(1)检验批合格质量规定

①主控项目和一般项目的质量经抽样检验合格。

②具有完整的施工操作依据、质量检查记录。

从上面的规定可以看出,检验批的质量验收包括质量资料的检查和主控项目、一般项目的检验两个方面的内容。

（2）检验批按规定验收

①资料检查。质量控制资料反映了检验批从原材料到验收的各施工工序的施工操作依据、检查情况以及保证质量所必需的管理制度等。所要检查的资料主要包括:

a. 图纸会审、设计变更、洽商记录;

b. 建筑材料、成品、半成品、建筑构配件、器具和设备的质量证明书及进场检验（试）验报告;

c. 工程测量、放线记录;

d. 按专业质量验收规范规定的抽样检验报告;

e. 隐蔽工程检查记录;

f. 施工过程记录和施工过程检查记录;

g. 新材料、新工艺的施工记录;

h. 质量管理资料和施工单位操作依据等。

②主控项目和一般项目的检验。为确保工程质量,使检验批的质量符合安全和使用功能要求,各专业质量验收规范对各检验批的主控项目和一般项目的子项合格质量给予明确规定。检验批的合格质量主要取决于对主控项目和一般项目的检验结果。主控项目是对检验批的基本质量起决定性影响的检验项目,因此必须全部符合有关专业工程验收规范的规定。

③检验批的抽样方案。在制订检验批的抽样方案时,应考虑合理分配生产风险和使用风险。检验批的质量检验,应根据检验项目的特点在下列抽样方案中进行选择:

a. 计量、计数或计量-计数等抽样方案;

b. 1 次、2 次或多次抽样方案;

c. 根据生产连续性和生产稳定性等情况,尚可采用调整型抽样方案;

d. 对重要的检验项目若可采用简易快速的检验方法,则可采用全数检验方案;

e. 经实践检验有效的抽样方案,如砂石料、构配件的分层抽样。

④检验批的质量记录。检验批的质量记录由施工项目专业质量员填写,监理工程师组织项目专业质量检验员等进行验收,并按表记录。

2）分项工程质量验收

（1）分项工程质量验收合格的要求

①分项工程所含的检验批均应符合合格规定。

②分项工程所含的检验批的质量验收记录应完整。

（2）分项工程质量验收记录

分项工程质量应由监理工程师（建设单位项目专业技术负责人）组织项目专业技术负责人等进行验收,并按表记录。

3）分部（子分部）工程质量验收

（1）分部（子分部）工程质量验收合格的要求

①分部（子分部）工程所含分项工程的质量均应验收合格。

②质量控制资料应完整。

③地基与基础、主体结构和设备安装等分部工程有关安全及功能的检验和抽样检测应符合有关规定。

④观感质量验收应符合要求。

（2）分部（子分部）工程质量验收记录

分部（子分部）工程质量应由总监理工程师（建设单位项目专业负责人）组织施工项目经理和有关勘察、设计单位项目负责人进行验收，并按表记录。

4）单位（子单位）工程质量验收

（1）单位（子单位）工程质量验收合格的要求

①单位（子单位）工程所含分部（子分部）工程的质量应验收合格。

②质量控制资料应完整。

③单位（子单位）工程所含分部（子分部）工程有关安全和功能的检验资料应完整。

④主要功能项目的抽查结果应符合相关专业质量验收规范的规定。

⑤观感质量验收应符合要求。

（2）单位（子单位）工程质量竣工验收记录

验收记录由施工单位填写，验收结论由监理（建设）单位填写。综合验收结论由参加验收各方共同商定，建设单位填写，应对工程质量是否符合设计和规范要求及总体质量水平作出评价。

· 4.3.5 施工质量的验收组织及程序 ·

1）施工质量的验收组织

（1）检验批及分项工程的验收组织

检验批及分项工程应由监理工程师组织施工单位项目专业质量负责人等进行验收。检验批和分项工程是建筑工程施工质量的基础，因此，所有检验批和分项工程均应由监理工程师或建设单位项目技术负责人组织验收。验收前，施工单位先填好检验批和分项工程的验收记录，并由项目专业质量检验员和项目专业技术负责人分别在检验批和分项工程质量检验记录相关栏目中签字，然后由监理工程师组织，严格按规定程序进行验收。

（2）分部工程的验收组织

分部工程应由总监理工程师组织施工单位项目负责人和技术、质量负责人等进行验收。由于地基基础、主体结构技术性能要求严格，技术性强。因此，规定与基础、主体结构分部工程相关的勘察、设计单位项目负责人和施工单位技术、质量部门负责人也应参加相关分部工程验收。

2）单位工程的验收程序

（1）竣工预验收的程序

当单位工程达到竣工预验收条件后，施工单位应在自查、自评工作完成后，填写工程竣工报验单，并将全部竣工资料报送项目监理机构，申请竣工验收。总监理工程师应组织各专业监理工程师对竣工资料及各专业工程的质量情况进行全面检查，对查出的问题应督促施工单位及时整改。对需要进行功能试验的项目，监理工程师应督促施工单位及时进行试验，并对重要项目进行监督、检查,必要时请建设单位和设计单位参加;监理工程师应认真审查试验报告并督促施工单位搞好成品保护和现场清理。经项目监理机构对竣工资料及实物全面检查、验收合格后,由总监理工程师签署工程竣工报验单,并向建设单位提出质量评估报告。

(2)正式验收

建设单位收到工程验收报告后,应由建设单位负责人组织施工、设计、监理等单位项目负责人进行单位工程验收。建筑工程竣工验收应当具备下列条件:

①完成建筑工程设计和合同约定的各项内容。

②有完整的技术档案和施工管理资料。

③有工程使用的主要建筑材料、建筑构配件和设备的进场试验报告。

④有勘察、设计、施工、工程监理等单位分别签署的质量合格文件。

⑤有施工单位签署的工程保修书。

参加验收的各方对工程质量验收意见不一致时,可请当地建设主管部门或工程质量监督机构协调处理。

3)单位工程竣工验收备案

单位工程质量验收合格后,建设单位应在规定时间内将工程竣工验收报告和有关文件报建设行政管理部门备案。

①凡在中华人民共和国境内新建、扩建、改建各类房屋建筑工程和市政基础设施工程的竣工验收,均应按有关规定进行备案。

②国务院建设行政主管部门和有关专业部门负责全国工程竣工验收的监督管理工作。县级以上地方人民政府建设行政主管部门负责本行政区域内工程的竣工验收备案管理工作。

4.4 工程质量事故处理

·4.4.1 工程质量问题的成因及处理·

1)工程质量问题的成因

工程质量问题的成因主要包括以下方面:

①违背建设程序;

②违反法律、法规;

③地质勘察失真;

④设计差错;

⑤施工与管理不到位;

⑥使用不合格的原材料、制品及设备;

⑦自然环境因素;

⑧使用不当。

2)工程质量问题的处理

(1)处理方式

监理人员如发现工程项目存在着不合格项或质量问题,应根据其性质和严重程度按如下方式处理：

①当施工引起的质量问题处在萌芽状态，应及时制止，并要求施工单位立即更换不合格材料、设备或不称职人员，或要求施工单位立即改变不正确的施工方法和操作工艺。

②当施工引起的质量问题已出现时，应立即向施工单位发出《监理工程师通知单》（见附表15），要求其对质量问题进行补救处理，并采取足以保证施工质量的有效措施后，填报《监理工程师通知回复单》（见附表18）报监理单位。

③当某道工序或分项工程完工后，出现不合格项，监理工程师应填写《不合格项处置记录》，要求施工单位及时采取措施予以整改。监理工程师应对其补救方案予以确认，跟踪处理过程，对处理结果进行验收，否则不允许进行下道工序或分项的施工。

④在交工使用后的保修期内发现施工质量问题时，监理工程师应及时签发《监理工程师通知单》，指令施工单位进行修补、加固或返工处理。

（2）处理程序

当发现工程质量问题时，监理工程师应按以下程序处理：

①监理工程师首先应判断其严重程度。对可以通过返修或返工弥补的质量问题可签发《监理工程师通知单》，责成施工单位写出质量问题调查报告，提出处理方案，填写《监理工程师通知回复单》报监理工程师审核后，批复施工单位处理，必要时应经建设单位和设计单位认可，对处理结果重新进行验收。

②对需要加固补强的质量问题，或存在的质量问题影响下道工序和分项工程的质量时，应签发《工程暂停令》（见附表16），指令施工单位停止有质量问题部位和与其有关部位及下道工序的施工。

③施工单位接到《监理工程师通知单》后，在监理工程师的组织参与下，尽快进行质量问题调查并完成报告编写。

④监理工程师审核、分析质量问题调查报告，判断和确认质量问题产生的原因。

⑤在分析原因的基础上，认真审核签认质量问题处理方案。

⑥指令施工单位按既定的处理方案实施处理并进行跟踪调查。

⑦质量问题处理完毕，监理工程师应组织有关人员对处理的结果进行严格的检查、鉴定和验收，写出质量问题处理报告，报建设单位和监理单位存档。

·4.4.2　工程质量事故的特点及分类·

1）工程质量事故的特点

（1）复杂性

建筑生产与一般工业生产相比具有产品固定、生产流动；产品多样、结构类型不一；露天作业多、自然条件复杂多变；材料品种、规格多，材料性能各异；多工种、多专业交叉施工，相互干扰大；工艺要求不同、施工方法各异、技术标准不一等特点。因此，影响工程质量的因素繁多，造成质量事故的原因错综复杂，即使同一类质量事故，原因却可能多种多样。

（2）严重性

工程项目的质量事故影响较大。轻者影响施工顺利进行、拖延工期、增加工程费用；重者则会留下隐患，影响使用功能或不能使用，更严重的还会引起建筑物失稳、倒塌，造成人民生命、财产的巨大损失。

（3）可变性

许多工程出现质量问题后，其质量状态并非稳定在初始状态，而是有可能随着时间的发展而不断地变化。因此，有些在初始阶段并不严重的问题，如不及时处理和纠正，有可能发展成一般质量事故，一般质量事故有可能发展成为严重或重大质量事故。

（4）多发性

建筑工程中的质量事故，往往在一些工程部位中经常发生，例如，悬挑梁板断裂、雨篷坍覆、钢屋架失稳等，因此具有多发性。

2）工程质量事故的分类

建筑工程质量事故的分类方法有多种，既可按造成损失的严重程度划分，又可按发生的原因划分，也可按造成的后果或事故责任划分。国家现行对工程质量事故的划分通常采用按造成损失的严重程度进行分类，其分类方法如下：

（1）一般质量事故

凡具备下列条件之一者为一般质量事故：

①直接经济损失在 5 000 元（含 5 000 元）以上，不满 5 万元的。

②影响使用功能和工程结构安全，造成永久质量缺陷的。

（2）严重质量事故

凡具备下列条件之一者为严重质量事故：

①直接经济损失在 5 万元（含 5 万元）以上，不满 10 万元的。

②严重影响使用功能或工程结构安全，存在重大质量隐患的。

③事故性质恶劣或造成 2 人以下重伤的。

（3）重大质量事故

凡具备下列条件之一者为重大质量事故，属建设工程重大事故范畴。

①工程坍塌或报废。

②因质量事故造成人员死亡或重伤 3 人以上。

③直接经济损失 10 万元以上。

按国家建设行政主管部门规定，建设工程重大事故分为 4 个等级：

①凡造成死亡 30 人以上或直接经济损失 300 万元以上为一级。

②凡造成死亡 10 人以上，29 人以下或直接经济损失 100 万元以上，不满 300 万元为二级。

③凡造成死亡 3 人以上，9 人以下，重伤 20 人以上或直接经济损失 30 万元以上，不满 100 万元为三级。

④凡造成死亡 2 人以下，或重伤 3 人以上，19 人以下或直接经济损失 10 万元以上，不满 30 万元为四级。

（4）特别重大事故

凡具备国务院发布的《特别重大事故调查程序暂行规定》所列发生一次死亡 30 人及其以上，或直接经济损失达 500 万元及其以上，或其他性质特别严重，上述条件三个之一均属特别重大事故。

·4.4.3 工程质量事故处理的依据和程序·

1）工程质量事故处理的依据

（1）质量事故的实况资料

①施工单位的质量事故调查报告。质量事故发生后，施工单位有责任就发生的质量事故进行周密的调查，研究掌握情况，并在此基础上写出调查报告，提交监理工程师和建设单位。在调查报告中首先就与质量事故有关的实际情况作详细的说明，其内容包括：

a. 质量事故发生的时间、地点；

b. 质量事故状况的描述，例如，发生的事故类型、发生的部位、分部状态及范围、严重程度等；

c. 质量事故发展变化的情况；

d. 有关质量事故的观测记录、事故现场状态的照片或录像。

②监理单位调查研究所获得的第一手资料。其内容大致与施工单位调查报告中有关内容相似，可用来与施工单位所提供的情况对照、核实。

（2）有关合同及合同文件

①工程承包合同。

②设计委托合同。

③设备与器材购销合同。

④委托监理合同。

（3）有关的技术文件和档案

①有关的设计文件。施工图纸和技术说明等，它们是施工的重要依据。

②与施工有关的技术文件、档案和资料。

a. 施工组织设计或施工方案、施工计划；

b. 施工记录、施工日志；

c. 有关建筑材料的质量证明资料；

d. 现场制备材料的质量证明资料；

e. 质量事故发生后，对事故状况的观测记录、试验记录或试验报告；

f. 其他有关资料。

（4）相关的建设法规

①勘察、设计、施工、监理等单位资质管理方面的法规。

②从业者资格管理方面的法规。

③建筑市场方面的法规。

④建筑施工方面的法规。

⑤关于标准化管理方面的法规。

2）工程质量事故处理的程序

工程质量事故发生后，监理工程师可按以下程序进行处理：

①工程质量事故发生后，总监理工程师应签发《工程暂停令》，要求停止进行质量缺陷部位和与其有关联部位及下道工序的施工，并要求施工单位采取必要的措施，防止事故扩大并保

护好现场。同时,要求质量事故发生单位迅速按类别和等级向相应的主管部门上报,并于24 h内写出书面报告。各级主管部门处理权限及组成调查组权限如下:

特别重大质量事故由国务院按有关程序和规定处理;重大质量事故由国家建设行政主管部门归口管理;严重质量事故由省、自治区、直辖市建设行政主管部门归口管理;一般质量事故由市、县级建设行政主管部门归口管理。

工程质量事故调查组由事故发生地的市、县以上建设行政主管部门或国务院有关主管部门组织成立。特别重大质量事故调查组组成由国务院批准;一、二级重大质量事故由省、自治区、直辖市建设行政主管部门提出组成意见,人民政府批准;三、四级重大质量事故由市、县级行政主管部门提出组成意见,相应级别人民政府批准;严重质量事故,调查组由省、自治区、直辖市建设行政主管部门组织;一般质量事故,调查组由市、县级建设行政主管部门组织;事故发生单位属国务院部委的,由国务院有关主管部门或其授权部门会同当地建设行政主管部门组织调查组。

②在事故调查组展开工作后,监理工程师应积极协助,并提供相应的证据。若监理方无责任,监理工程师可应邀参与事故调查;若监理方有责任,则应给予回避,但应配合调查工作。

③当监理工程师接到质量事故调查组提出的技术处理意见后,可组织相关单位研究,并责成相关单位完成技术处理方案,并予以审核签认。质量事故技术处理方案一般应委托原设计单位提出,由其他单位提供的技术处理方案应经原设计单位同意签认。技术处理方案的制定应征求建设单位意见。技术处理方案必须依据充分,必要时应委托法定工程质量检测单位进行质量鉴定或请专家论证,以确保技术处理方案可靠、可行,保证结构安全和使用功能。

④技术处理方案核签后,监理工程师应要求施工单位制订详细的施工方案设计,必要时应编制监理实施细则,对工程质量事故技术处理施工质量进行监理,技术处理过程中的关键部位和关键工序应进行旁站,并会同设计、建设等有关单位共同检查认可。

⑤对施工单位完工自检后的报告结果,组织有关各方进行检查验收,必要时应进行处理结果鉴定。要求事故单位整理并编写质量事故处理报告,经审核签认后,将有关技术资料归档。

· 4.4.4 工程质量事故处理方案的确定及鉴定验收 ·

1)工程质量事故处理方案的确定

(1)修补处理

当工程的某个检验批、分项或分部工程的质量未达到规定的规范、标准或设计要求,但通过修补或更换器具、设备后还可达到要求的标准,又不影响使用功能和外观要求,则可以进行修补处理。

(2)返工处理

当工程质量未达到规定的标准和要求,并对结构的使用和安全构成重大影响,但又无法进行修补处理的情况下,则可对检验批、分项、分部甚至整个工程进行返工处理。

(3)不作处理

某些工程质量问题虽然不符合规定的要求和标准,但视其严重情况,经过分析、论证、法定检测单位鉴定和设计等有关单位认可,对工程或结构使用及安全影响不大,也可不作专门处理。通常有以下几种情况:

①不影响结构安全和正常使用。

②有些质量问题,经过后续工序可以弥补。

③经法定检测单位鉴定合格。

④出现的质量问题,经检测鉴定达不到设计要求,但经原设计单位核算,仍能满足结构安全和使用功能。

2)工程质量事故处理的鉴定验收

质量事故的技术处理是否达到了预期目的,消除了工程质量不合格和工程质量问题,是否仍留有隐患。监理工程师应通过组织检查和必要的鉴定,对工程质量事故的处理进行验收并予以最终确认。

(1)检查验收

工程质量事故处理完成后,监理工程师在施工单位自检合格、报验的基础上,应严格按照施工验收标准及有关规范的规定,结合监理人员的旁站、巡视和平行检验结果,依据质量事故技术处理方案设计要求,通过实际量测和检查各种资料数据进行验收,并应办理交工验收文件,组织各有关单位会签。

(2)必要的鉴定

凡涉及结构承载力等使用安全和其他重要性能的处理工作,常需做必要的试验和检验鉴定工作。质量事故处理施工过程中建筑材料及构配件保证资料严重缺乏,或各参与单位对检查验收结果有争议时,应进行的常见检验工作有:混凝土钻芯取样,用于检查密实性和裂缝修补效果,或检测实际强度;结构荷载试验,确定其实际承载力;超声波检测焊接或结构内部质量;池、罐、箱柜工程的渗漏检验等。检测鉴定必须委托政府批准的具有相应资质的法定检测单位进行。

(3)验收结论

对无论经过技术处理,通过检查鉴定验收还是不需专门处理的质量事故,均应有明确的书面结论。验收结论通常有以下几种:

①事故已排除,可以继续施工。

②隐患已消除,结构安全有保证。

③经修补处理后,完全能够满足使用要求。

④基本上满足使用要求,但使用时应有附加限制条件,例如限制荷载等。

⑤对耐久性的结论。

⑥对建筑物外观影响的结论。

⑦对短期内难以作出结论的,可提出进一步观测检验意见。

对于处理后符合《建筑工程施工质量验收统一标准》规定的,监理工程师应给予验收、确认,并应注明责任方主要承担的经济责任。对经加固或返工处理仍不能满足安全使用要求的分部工程、单位(子单位)工程,应拒绝验收。

案例分析

【案例1】

某输气管道工程施工过程中,施工单位未经监理工程师事先同意,订购了一批钢管,钢管

运抵施工现场后,监理工程师对其进行了检验,检验中监理人员发现钢管质量存在以下问题:

1. 施工单位未能提交产品合格证、质量保证书和检测证明资料;

2. 实物外观粗糙、标志不清且有锈斑。

【问题】

监理工程师应如何处理上述问题?

【答案要点】

1. 由于该批材料由施工单位采购,监理工程师检验外观不良、标志不清,且无合格证等资料,监理工程师应书面通知施工单位不得将该批材料用于工程,并抄送业主备案。

2. 监理工程师应要求施工单位提交该批产品的合格证、质量保证书、材质化验单、技术指标报告和生产厂家许可证等资料,以便监理工程师对生产厂家和材质保证等方面进行书面资料的审查。

3. 如果施工单位提交了以上资料,经监理工程师审查符合要求,则施工单位应按技术规范要求对该产品进行有监理人员签证的取样送检。如果经检测后证明材料质量符合技术规范、设计文件和工程承包合同要求,则监理工程师可进行质检签证,并书面通知施工单位。

4. 如果施工单位不能提供第二条所述的资料,或虽提供了资料,但经抽样检测后质量不符合技术规范或设计文件或承包合同要求,则监理工程师应书面通知施工单位不得将该批管材用于工程,并要求施工单位将该批管材运出施工现场。

5. 监理工程师应将处理结果书面通知业主。工程材料的检测费用由施工单位承担。

【案例2】

某业主开发建设一栋24层的综合办公写字楼,委托A监理公司进行监理,经过施工招标,业主选择了B建筑公司承担工程施工任务。B建筑公司拟将桩基工程分包给C地基基础工程公司,拟将暖通、水电工程分包给D安装公司。

在总监理工程师组织的现场监理机构工作会议上,总监理工程师要求监理人员在B建筑公司进入施工现场到工程开工这一段时间内,要熟悉有关资料,并认真审核施工单位提交的有关文件、资料等。

【问题】

1. 在这段时间内监理工程师应熟悉那些主要资料?

2. 监理工程师应重点审核施工单位的哪些技术文件与资料?

【答案要点】

1. 监理工程师应熟悉的资料包括:

①工程项目有关批文,报告文件(可行性研究报告、勘察报告等)。

②工程设计文件、图纸等。

③施工规范、验收标准、质量评定标准等。

④有关法律、法规文件。

⑤合同文件(监理合同、承包合同)。

2. 监理工程师在施工单位进入施工现场到开工这一阶段应重点审查:

①施工单位编制的施工方案和施工组织设计文件。

②施工单位质量保证体系或质量保证措施文件。

③分包单位的资质。

④进场工程材料的合格证、技术说明书、质量保证书、检验试验报告等。

⑤主要施工机具、设备的组织配件和技术性能报告。

⑥审核拟采用的新材料、新结构、新工艺的技术鉴定文件。

⑦审核施工单位开工报告,检查核实开工应准备的各项条件。

复习思考题4

4.1　建设工程质量的特性有哪些?

4.2　试述影响工程质量的因素。

4.3　试述工程质量的特点。

4.4　简述监理工程师进行工程质量控制应遵循的原则。

4.5　施工准备、施工过程、竣工验收各阶段的质量控制包括哪些主要内容?

4.6　监理工程师审查施工组织设计的原则有哪些?

4.7　监理工程师如何做好作业技术活动过程的质量控制?

4.8　设备制造的质量控制工作有哪些?

4.9　如何做好设备制造过程中的质量控制工作?

4.10　试说明单位工程的验收程序与组织。

4.11　简述工程质量事故的特点、分类。

4.12　工程质量事故处理的依据是什么?

4.13　监理工程师如何对工程质量事故处理进行鉴定与验收?

5 建设工程投资控制

5.1 建设工程投资控制概述

·5.1.1 建设工程投资的概念及构成·

1)建设工程投资的概念

建设工程投资是指某项建设工程花费的全部费用。生产性建设项目总投资包括固定资产投资和流动资产投资两部分,非生产性建设项目总投资只包括固定资产投资(又可称为建设工程总投资或建设工程总造价)。

2)我国现行建设工程总投资的构成

建设工程总投资主要是由设备及工器具购置费、建筑安装工程费、工程建设其他费用、预备费、建设期贷款利息等构成,如图5.1所示。

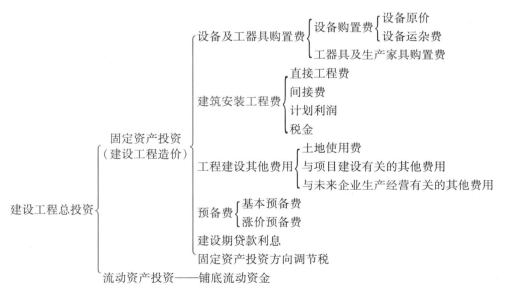

图5.1 我国现行建设工程总投资的构成

·5.1.2　建设工程投资控制原理·

建设工程投资控制是在工程建设全过程的各个阶段,采用一定的方法和措施把工程项目投资的数额控制在批准的投资限额或合同规定的限额以内,以保证项目投资管理目标的实现,以求在工程项目建设中能合理使用人力、物力、财力,取得较好的投资效益和社会效益。

1)合理确定投资控制目标

建设工程投资控制是项目控制的主要内容之一,这种控制是动态的,并贯穿工程建设的始终。

建设工程投资控制必须有明确的控制目标,并且不同控制阶段的控制目标是不同的。例如,投资估算应是设计方案选择和初步设计阶段的控制目标;设计概算应是技术设计和施工图设计阶段的控制目标;投资包干额应是包干单位在建设实施过程的控制目标;施工图预算或工程承包合同价是施工阶段控制建筑安装工程投资的目标。这些阶段目标相互联系、相互制约、相互补充,逐步清晰、准确,共同组成投资控制的目标系统。

建设工程项目建设周期长、问题复杂,这就要求设置控制目标时应严肃和科学,应实事求是。若目标太低,既存在浪费,又缺乏对建设者的激励作用,则目标形同虚设;若目标太高,本身留有缺口,一再努力也无法达到,则失去目标控制的效果。因此,投资控制监理工程师,应在充分论证的基础上,合理确定控制目标,对投资实施有效的控制。

2)以设计阶段为重点进行全过程控制

项目是否需要建设,预计花费多少建设费用,是在前期阶段充分论证的基础上作出的决策。而设计阶段是形成建设工程的价值,承发包与设备安装阶段是实现建设工程的价值。因此,项目投资控制的关键是项目建设决策阶段和设计阶段,而在项目作出投资决策后,控制投资的关键就在于设计。据有关资料显示,设计费只相当于建设工程全寿命费用的1%以下,而这1%的费用对投资的影响却达75%以上。因此,监理工程师在投资控制过程中应以设计阶段的投资为控制重点。

3)主动控制

工程建设一旦发生偏差,费用一经发生,再采取措施只能纠正已发生的偏差而不能预防偏差的发生,因而只能说是被动控制。要实现有效的控制必须以主动控制为主,在偏差出现之前,协调好工程建设项目投资、进度、质量三大目标之间的关系,预先采取措施,避免偏差或使偏差发生额最小。因此,监理工程师要协调好各方面的关系,主动控制,以实现合同所确定的投资控制目标。

4)技术与经济相结合

工程建设是一个多目标系统,实现其目标的途径是多方面的,应从组织、技术、经济、合同与信息管理等方面采取措施。而其实现功能、质量、规模等要求的技术方案是多样化的,这就要求监理工程师,在满足规模要求和功能质量标准的前提下,进行技术经济分析,确定最优技术方案,使工程建设项目更加经济合理。工程建设的理论与实践证明,技术与经济相结合是最有效的投资控制手段。

由于我国现阶段建设监理的范围限于项目施工阶段的监理(根据监理规范 GB/T 50319—2013 相关定义),所以本章中将重点阐述这一阶段的投资控制。

· 5.1.3 建设工程投资控制的任务 ·

建设工程项目投资控制是工程监理的一项重要任务,具体包括以下 5 个方面内容。

1)建设前期阶段

建设前期阶段,监理的投资控制任务:进行工程项目的机会研究、初步可行性研究;编制项目建议书,进行可行性研究,对拟建项目进行市场调查和预测;编制投资估算;进行环境影响评价、财务评价、国民经济评价和社会评价。

2)设计阶段

设计阶段,监理的投资控制任务:协助建设单位提出设计要求,组织设计方案竞赛或设计招标,用技术经济方法评选设计方案;协助设计单位开展限额设计工作,编制本阶段资金使用计划,并进行付款控制;审查设计概预算。

3)施工招标阶段

施工招标阶段,监理的投资控制任务:准备与发送招标文件,编制工程量清单和招标工程标底;协助评审投标书,提出评标建议;协助建设单位与承包单位签订承包合同。

4)施工阶段

施工阶段,监理的投资控制任务:建立项目监理的组织保证体系,明确投资控制的重点;施工中对工程进度、工程质量、材料检验等进行监督和控制,主动搞好设计、材料、设备、土建、安装及其他外部协调和配合;及时对已完工的工程进行计量,严格按合同执行工程计量和工程款支付程序,签署工程付款凭证,及时向对方支付进度款;公正地处理承包单位提出的索赔;严格控制工程变更,确定工程变更价款,及时分析工程变更对控制投资的影响;在施工过程中进行投资跟踪,定期提供投资报表,定期向总监理工程师、建设单位报告工程投资动态情况;审核施工单位提交的工程结算书并按程序进行竣工结算。

5)项目竣工验收阶段

项目竣工验收阶段,监理的投资控制任务:通过项目决算,控制工程实际投资不突破设计概算,并进行投资效果分析,确保建设工程项目获得最佳的投资效果。

5.2 施工阶段的投资控制

工程项目施工阶段是建设资金大量使用而项目经济效益尚未实现的阶段,在该阶段进行投资控制具有周期长、内容多、工作量大等特点,监理工程师在施工阶段做好投资控制对于防止"决算超预算"具有十分重要的意义。

· 5.2.1 施工阶段投资控制的基本原理 ·

施工阶段投资控制一般是指在建设项目已完成施工图设计,完成招标工作和签订工程承包合同后,监理工程师对工程建设的施工过程进行的投资控制,主要是监督承包单位在满足工程承包合同规定的工期、质量前提下,实现项目的实际投资不超过计划投资,圆满地完成全部工程任务。

　　监理工程师在施工阶段进行投资控制的基本原理是把计划投资额作为投资控制的目标值,在工程施工过程中定期地进行投资实际值与目标值的比较,通过比较发现并找出实际支出额与投资控制目标值之间的偏差,然后分析产生偏差的原因,并采取有效措施加以控制,以保证投资控制目标的实现。具体的控制过程如图 5.2 所示。

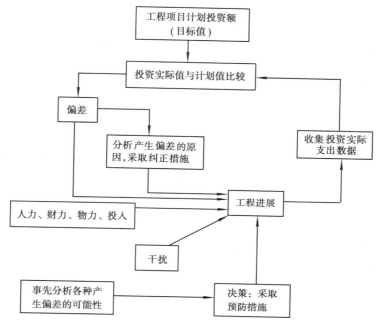

图 5.2　投资控制动态图

·5.2.2　施工阶段投资控制的措施·

　　建设项目的投资主要发生在施工阶段。在这个阶段,尽管节约投资的可能性已经很小,但浪费投资的可能性却很大。因此仍要对投资控制给予足够重视,仅靠控制工程款的支付是不够的,应从经济、技术、组织、合同等多方面采取措施,控制投资。

　　(1)组织措施

　　①在项目管理班子中落实投资控制人员、任务分工和职能分工。

　　②编制本阶段投资控制工作计划和详细的工作流程图。

　　(2)经济措施

　　①编制资金使用计划,确定、分解投资控制目标。

　　②进行工程计量。

　　③复核工程付款账单,签发付款证书。

　　④在施工过程中进行投资跟踪控制,定期地进行投资实际支出值与计划目标值的比较,发现偏差,分析产生偏差的原因,及时采取纠偏措施。

　　⑤对工程施工过程中的投资支出作好分析与预测,经常或定期向业主提交项目投资控制及存在问题的报告。

（3）技术措施

①设计变更进行技术经济比较,严格控制设计变更。

②继续寻找通过改进设计挖掘节约投资的可能性。

③审核承包单位编制的施工组织计划,对主要施工方案进行技术经济分析。

（4）合同措施

①作好工程施工记录,保存各种文件图纸,特别是有实际施工变更情况的图纸,注意积累素材,为正确处理可能发生的索赔提供依据。参与处理索赔事宜。

②严格履行工程款支付、计量、签字程序,及时按合同条款支付验收合格的工程款,防止过早、过量支付;全面履约,减少对方提出索赔的条件和机会。

· 5.2.3 工程计量 ·

1）工程计量的概念

工程计量是指根据设计文件及承包合同中关于工程量计算的规定,项目监理机构对承包单位申报的已完成工程的工程量进行的核验。工程计量是约束承包单位履行合同义务、强化承包单位合同意识的重要手段。监理工程师一般只对以下 3 个方面的工程项目进行计量:

①工程量清单中的所有项目。

②合同文件中规定的项目。

③工程变更项目。

工程计量报审表见表 5.1。工程计量报审表一式 4 份,送监理机构审核后,建设、监理各 1 份,承包单位 2 份。

表 5.1 工程计量报审表

工程名称:　　　　　　　　　　　　　　　　　　　　　　　　　　　编号:

致:＿＿＿＿＿＿＿＿＿＿＿＿＿＿＿＿（监理单位）
兹申报＿＿＿＿年＿＿＿＿月完成的工程量统计报表,请予核验审定,核定的结果将作为我方申请该工程付款的依据。 　　附件:1.完成工程量统计报表; 　　　　　2.工程质量合格证明资料。 　　　　　　　　　　　　　　　　　　　承包单位(章)＿＿＿＿＿＿＿＿ 　　　　　　　　　　　　　　　　　　　项目经理＿＿＿＿＿＿＿＿＿＿ 　　　　　　　　　　　　　　　　　　　日期＿＿＿＿＿＿＿＿＿＿＿＿
专业监理工程师审查意见: 　　　　　　　　　　　　　　　　　　　项目监理机构(章)＿＿＿＿＿＿ 　　　　　　　　　　　　　　　　　　　总监理工程师＿＿＿＿＿＿＿＿ 　　　　　　　　　　　　　　　　　　　日期＿＿＿＿＿＿＿＿＿＿＿＿

2）工程计量的依据

计量依据一般有质量合格证书,工程量清单前言、技术规范中的"计量支付"条款和设计图纸。

（1）质量合格证书

对于承包单位已完的工程,并不是全部进行计量,而只有质量达到合同标准的已完工程才予以计量。工程计量需与质量监理紧密配合,经过监理工程师检验,工程质量达到合同规定的标准后,由监理工程师签发中间交工证书(质量合格证书),取得质量合格证书的工程才予以计量。

（2）工程量清单前言、技术规范中的"计量支付"条款

工程量清单前言和技术规范的"计量支付"条款规定了清单中每一项工程的计量方法,同时还规定了按规定的计量方法确定的单价所包括的工作内容和范围。

（3）设计图纸

计量的几何尺寸要以设计图纸为依据。单价合同以实际完成的工程量进行结算,但被监理工程师计量的工程数量,并不一定是承包单位实际施工的数量。监理工程师对承包单位超出设计图纸要求增加的工程量和自身原因造成返工的工程量不予计量。

3）工程计量的程序

（1）施工合同文本规定的程序

按照施工合同(示范文本)规定,工程计量的一般程序是:承包单位应按专用条款约定的时间(承包单位取得完成的工程分项活动质量验收合格证书后),向监理工程师提交已完工程量的报告,监理工程师接到报告后 7 d 内按设计图纸核实已完工程量,并在计量前 24 h 通知承包单位,承包单位必须为监理工程师进行计量提供便利条件,派人参加并予以确认。承包单位收到通知后无正当理由不参加计量,由监理工程师自行计量的结果有效,作为工程价款支付的依据。监理工程师收到承包单位报告 7 d 内未进行计量,从第 8 d 起,承包单位报告开列的工程量即视为已被确认,作为工程价款支付的依据。监理工程师不按约定时间通知承包单位,使承包单位不能参加计量,由监理工程师自行计量的结果无效;对承包单位超出设计图纸范围和因承包单位原因造成返工的工程量,监理工程师不予计量。

（2）FIDIC 规定的工程计量程序

按 FIDIC 施工合同约定,当监理工程师要求测量工程的任何部分时,应向承包单位代表发出通知,承包单位代表应及时亲自或另派合格代表协助监理工程师进行测量,并提供监理工程师要求的任何具体材料。如果承包单位未能到场或派代表到场,监理工程师(或其代表)所测量的数据应作为准确结果予以认可。除合同另有规定外,凡需根据测量进行记录的任何永久工程,记录应由监理工程师准备。承包单位应根据监理工程师提出的要求,到场与监理工程师一起对记录进行检查和协商,达成一致意见后在记录上签字。如承包单位未到场,应认为该记录准确,予以认可。如果承包单位检查后不同意该记录和(或)不签认,承包单位应向监理工程师发出通知,说明认为该记录不准确的部分,监理工程师接到通知后,应审查该记录,进行确认或更改,如果 14 d 内没有发出此类通知,该记录应视为准确,予以认可。

4）工程计量方法

根据 FIDIC 合同条件的规定,一般可按下列方法进行计量:

（1）均摊法

均摊法就是对清单中某些项目的合同条款,按合同工期平均计量。如为监理工程师提供宿舍和一日三餐、保养测量设备、保养气象记录设备、维护工地清洁和整洁等。这些项目都有一个共同的特点,即每月均有发生,就可以采用均摊法进行计量支付。例如,保养测量设备,如果合同约定本项款额为 1 000 元,该工程的合同工期为 10 个月,则每月计量支付的金额为:1 000 元/10 月 = 100 元/月。

（2）凭据法

凭据法就是按照承包商提供的凭据进行计量支付,如提供建筑工程保险费、提供第三方责任险保险费、提供履约保证金等项目,一般按凭据进行计量支付。

（3）估价法

估价法就是按照合同文件的规定,根据监理工程师估算的已完成的工程价值支付,如为监理工程师提供用车、测量设备、天气记录设备、通信设备等项目。这类清单项目往往要购买几种仪器设备,当承包单位对于某一项清单中规定购买的仪器设备不能一次购进时,则需采用估价法进行计量支付。

（4）断面法

断面法主要用于取土或填筑路堤土方的计量。对于填筑土方工程,一般规定计量的体积为原地面线与设计断面所构成的体积。采用这种方法计量,在开工前承包单位需测绘出原地形的断面,并经监理工程师检查,作为计量的依据。

（5）图纸法

在工程量清单中,许多项目都采取按照设计图纸所示的尺寸进行计量,如混凝土构筑物的体积等。这种按图纸进行计量的方法,称为图纸法。

（6）分解计量法

分解计量法,就是将一个项目根据工序或部位分解为若干子项,对完成的各子项进行计量支付。这种计量方法可以避免一些包干项目或较大工程项目支付时间过长,影响承包单位的资金流动。

5）工程变更

在工程项目的施工过程中,由于施工工期长、干扰因素多,经常会出现工程量变化、施工进度变化、技术规范和技术要求变化以及合同执行中的索赔等问题,这些问题都可能造成合同内容的变化,故把这些变化称为工程变更。

由于工程变更所引起的工程量变化、承包单位索赔等,都有可能使项目投资超出原来的预算投资,监理工程师必须严格予以控制,密切注意对未完工程投资支出的影响及工期的影响。

工程变更单见附表17。本表一式4份,送监理机构审核后,建设单位、监理单位各1份,承包单位2份。

（1）工程变更的内容

工程变更包括设计变更、进度计划变更、施工条件变更、工程量清单中未包括的"新增工程"等。由于大部分的变更都需要有设计单位发出相应的图纸和说明才能进行,因此,工程变更分为设计变更和其他变更两大类。

①设计变更。按照我国《建设工程施工合同（示范文本）》,施工图完成后施工阶段的设计变更包括更改工程有关部分的标高、轴线、位置、尺寸,增减合同中约定的工程量,改变有关工

程的施工时间和顺序,其他有关工程变更需要的附加工作等内容。

②其他变更。合同履行中除设计变更外,其他能导致合同内容发生变化的都属于其他变更。例如,业主要求变更工程质量标准、对工期要求的变化、施工条件和环境的变化导致施工机械和材料的变化。

(2)工程变更的程序

工程变更可以由承包单位提出,也可以由建设单位、设计单位、监理工程师主动提出。但任何一方提出的工程变更,均应有监理工程师的确认,并签发工程变更指令。工程变更的程序包括提出工程变更、审查工程变更、批准工程变更、编制工程变更文件、下达变更指令。

①提出工程变更。施工合同文本规定,施工中承包单位可以根据自身需要,从施工的角度提出工程变更,提出变更要求的同时应提供变更后的设计图纸和费用计算;建设单位大多数情况是由于工程性质的改变而提出设计变更;设计单位一般对原设计存在的缺陷提出工程变更,应编制设计变更文件;监理工程师提出的工程变更一般是发现设计错误或不足。监理工程师提出变更的设计图纸可以由监理工程师承担设计和绘制,也可以指令承包单位完成。

②监理工程师审查工程变更。无论哪方面提出的工程变更,均需监理工程师审查核准,并上报建设单位备案。审查的基本原则是:

a.考虑工程变更对工程进展是否有利;

b.考虑工程变更可否节约投资;

c.考虑工程变更是否兼顾业主、承包单位或工程项目之外其他第三方的利益,不能因为工程变更而损害任何一方的正当权益;

d.保证工程变更符合本工程的技术标准;

e.确认是否是必须批准的工程变更,如工程受阻、遇到特殊风险、人为阻碍、合同一方当事人违约等。

③工程变更的批准。监理工程师在审批工程变更时应与建设单位和承包单位进行适当的协商,尤其是一些费用增加较多的工程变更项目,更要与建设单位进行充分的协商,征得建设单位同意后才能批准。

④编制工程变更文件。工程变更文件应包括工程变更要求、工程变更说明、工程变更费用和工期、必要的附件等内容,有设计变更文件的工程变更应附设计变更文件(包括技术规范)及其他有关文件等。

⑤发出变更指令。监理工程师的变更指令应以书面形式发出。在特殊情况下以口头形式发出的指令,事后应尽快加以书面确认。

(3)工程变更价款的确定方法

我国《建设工程施工合同(示范文本)》约定的工程变更价款的确定方法如下:承包单位在工程变更确定后14 d内,提出变更工程价款的报告,监理工程师在收到变更工程价款的报告后的14 d内进行审查、确认,并调整合同价款。变更合同价款按下列方法进行:

①合同中已有适用于变更工程的价格,按合同已有的价格变更合同价款。

②合同中只有类似于变更工程的价格,可以参照类似价格变更合同价款。

③合同中没有适用或类似于变更工程的价格,由承包单位提出适当的变更价格,经监理工程师确认后执行。

④如果监理工程师与承包单位的意见不一致时,监理工程师可以确定一个他认为合适的

价格,同时通知建设单位、承包单位,任何一方不同意都可以提请申请仲裁。

工程变更费用报审表见表 5.2。本表一式 4 份,送监理机构审核后,建设单位、监理单位各 1 份,施工单位 2 份。

表 5.2　工程变更费用报审表

工程名称:　　　　　　　　　　　　　　　　　　　　　　　编号:

致:＿＿＿＿＿＿＿＿＿＿＿＿＿＿（监理单位） 　　兹申报＿＿＿＿年＿＿＿＿月＿＿＿＿日第＿＿＿＿号的工程变更,申请费用见附表,请审核。 　　附件:工程变更概(预)算书 　　　　　　　　　　　　　　　　　　　　承包单位(章)＿＿＿＿＿＿ 　　　　　　　　　　　　　　　　　　　　项目经理＿＿＿＿＿＿ 　　　　　　　　　　　　　　　　　　　　日期＿＿＿＿＿＿
审查意见: 　　　　　　　　　　　　　　　　　　　　项目监理机构(章)＿＿＿＿＿＿ 　　　　　　　　　　　　　　　　　　　　总监理工程师＿＿＿＿＿＿ 　　　　　　　　　　　　　　　　　　　　日期＿＿＿＿＿＿

·5.2.4　工程价款支付的控制·

1)我国现行建筑安装工程价款的主要结算方式

工程价款的结算是指承包单位在工程实施过程中,依据承包合同中有关条款的规定和已完成的工程量,按规定的程序向建设单位收取工程款的一项经济活动。按现行规定,建筑安装工程价款结算可以根据不同情况采取多种方式:

(1)按月结算

按月结算即实行旬末或月中预支、月终结算、竣工后清算的办法。跨年度竣工的工程,在年终进行工程盘点,办理年度结算。

(2)竣工后一次结算

建设项目或单项工程全部建筑安装工程工期在 12 个月以内,或者工程承包合同价值在100 万元以下的项目,可以实行工程价款每月月中预支,竣工后一次结算。即合同完成后承包单位与建设单位进行合同价款结算,确认的合同价款为双方结算的合同价款总额。

(3)分段结算

分段结算即当年开工、当年不能竣工的单项工程或单位工程,按照工程形象进度,划分不同阶段进行结算。分段结算可以按月预支工程款。分段的划分标准,由各部门或省、自治区、直辖市、计划单列市有关部门规定。

(4)目标结算

目标结算即在工程合同中,将承包工程的内容分解成不同的控制界面(验收单元),当承包单位完成单元工程并经建设单位或其委托人验收合格后,建设单位支付单元工程内容的工程价款。控制面的设定合同中应有明确的规定。

在目标结算方式下,承包单位要想获得工程款,必须按合同规定的指令标准完成控制单元工程内容;要想尽快获得工程款,承包单位必须充分发挥自己的施工组织能力,在保证质量的前提下,加快施工进度。

另外,建设单位和承包单位还可按照双方约定的其他方式进行结算。

2)工程价款支付方式和时间

按施工合同文本的规定,工程价款的支付方式和时间大体可分为 4 段,即工程预付款、工程进度款、竣工结算和质量保修金的返还。

(1)工程预付款的支付

施工企业承包工程,一般都实行包工包料,需要有一定数量的备料周转金。根据工程承包合同条款的规定,由建设单位在开工前拨给承包单位一定限额的预付备料款,此预付款构成施工企业为该承包工程项目储备主要材料、结构构件所需的流动资金。

①备料款的限额,应在合同中约定。备料款限额由下列主要因素决定:

a. 主要材料(包括外购构件)占工程造价的比重;

b. 材料储备期;

c. 施工工期。

对于施工企业常年应备的备料款限额,可按下式计算:

$$备料款限额 = \frac{年度承包工程总值 \times 主要材料所占比重}{年度施工日历天数} \times 材料储备天数$$

一般建筑工程不应超过当年建筑工作量(包括水、电、暖)的30%;安装工程按年安装工作量的10%;材料所占比重较多的安装工程按年计划产值的15%左右拨付。在实际工作中,备料款的数额要根据各工程类型、合同工期、承包方式等不同条件而定。

②备料款的扣回。建设单位拨付给承包单位的备料款属于预支性质,到了工程后期,随着工程所需主要材料储备的减少,应以抵充工程价款的方式陆续扣回。扣款的方法有:

a. 由承发包双方在合同中确定,可采用等比率或等额扣款的方式;

b. 从未施工工程尚需的主要材料及构件的价值相当于备料款数额时起扣,从每次结算工程价款中,按材料比重扣抵工程价款,竣工前全部扣清。这种方式要确定起扣点。

预付备料款起扣点,可按下式计算:

$$未施工工程主要材料及结构件价值 = 预付备料款$$

因此

$$未施工工程主要材料及结构件价值 = 未施工工程价值 \times 主要材料费比重$$

所以

$$预付备料款 = 当未施工工程价值 \times 主要材料费比重$$

则

$$未施工工程价值 = \frac{预付备料款}{主要材料费比重}$$

此时,工程所需的主要材料、结构件储备资金可全部由预付备料款供应,以后就可以陆续扣回预付备料款,即

$$开始扣回预付备料款时的工程价值 = \frac{年度承包工程总值 - 预付备料款}{主要材料费比重}$$

当已完工程超过开始扣回预付备料款的工程价值时,就要从每次结算工程价款中陆续扣回预付备料款。每次应扣回的数额,按下式计算:

$$第一次应扣回预付备料款 = (累计已完工程价值 - 开始扣回预付备料款时的工程价值) \times 主要材料费比重$$

以后各次应扣回预付备料款 = 每次结算的已完工程价值 × 主要材料费比重

在工程建设中,有些工程工期较短,就无须分期扣回。有些工程工期较长,如跨年度施工,预付备料款可以不扣或少扣,并于次年按应预付备料款调整,多退少补。

(2)工程进度款的支付

在施工过程中承包单位根据合同约定的结算方式,按月或形象进度或验收单元完成的工程量计算各项费用,向建设单位办理工程进度款结算。

以按月结算为例,建设单位在月中向承包单位预支半月工程款,月末承包单位根据实际完成工程量,向建设单位提供已完工程月报表和工程价款结算账单,经建设单位和监理工程师确认,收取当月工程价款,并进行结算。按月进行结算,要对现场已施工完毕的工程逐一进行清点,资料提出后要交建设单位审查签证。为简化手续,多年来采用的办法是以施工企业提出的统计进度月报表为支取工程款的凭证,即通常所称的工程进度款。当工程款拨付累计额达到该建筑安装工程造价的95%时停止支付,预留造价的5%作为尾留款,在竣工结算时最后拨款。

(3)竣工结算

竣工结算是施工企业按照合同规定全部完成所承包的工程,交工之后,与建设单位进行的最终工程价款结算。在竣工结算时,若因某些条件变化,使合同工程价款发生变化,则按规定对合同价款进行调整。

在实际工作中,当年开工、当年竣工的工程,只许办理一次性结算。跨年度工程,在年终办理1次年终结算,将未完工程结转到下一年度。此时竣工结算等于各年结算的总和。办理工程价款竣工结算的一般公式为:

$$竣工结算工程价款 = 预算或合同价款 + 施工过程中预算或合同价款调整数额 - 预付及已结算工程价款 - 保修金$$

(4)工程保修金的返还

工程项目总造价中应预留出一定比例的尾款作为质量保修金(保留金的限额一般为合同总价的5%),待工程项目保修期结束后拨付。保修金扣除有两种方法:

①当工程进度款拨付累计额达到该建筑安装工程造价的一定比例时,停止支付。预留造价部分作为保修金。

②保修金的扣除也可以从建设单位向承包单位第1次支付的工程进度款开始,在承包单位每次应得到的工程款中扣留投标书中规定金额作为保修金,直至保修金总额达到投标书中规定的限额为止。如某项目合同约定,保修金每月按进度款的5%扣留。若第1月完成产值10万元,实际支付:10万元 - 10万元×5% = 9.5万元。

工程款支付申请表见附表9,工程款支付证书见附表10。工程款支付申请表和工程款支付证书一式4份,建设单位、监理单位各1份,施工单位2份,其中1份存入城建档案。

3）FIDIC 合同条件下工程价款的支付

（1）工程价款支付的范围和条件

①工程价款支付的范围。FIDIC 合同条件所规定的工程支付范围主要包括两部分：

a. 工程量清单中的费用。这部分费用是承包单位在投标时，根据合同条件的有关规定提出报价，并经业主认可的费用。

b. 工程量清单以外的费用。这部分费用虽然在工程量清单中没有规定，但是在合同条件中却有明确的规定，因此它也是工程支付的一部分。

②工程价款支付的条件：

a. 质量合格是工程支付的必要条件。支付以工程计量为基础，计量必须以质量合格为前提，对于质量不合格的部分一律不予支付。

b. 符合合同条件。一切支付均需符合合同规定的要求。

c. 变更项目必须有监理工程师的变更通知。

d. 支付金额必须大于临时支付证书规定的最小限额。合同条件规定，如果在扣除保留金和其他金额之后的净额少于投标书附件中规定的临时支付证书的最小限额时，监理工程师没有义务开具任何支付证书。不予支付的金额将按月结转，直至达到或超过最低限额时才予以支付。

e. 承包单位的工作使监理工程师满意。对于承包单位申请支付的项目，即使达到以上所述的支付条件，但承包单位其他方面工作未能使监理工程师满意，监理工程师可通过任何临时证书对他所签发过的任何原有证书进行修正或更改，也有权在任何临时证书中删去或减少该工作的价值。因此，承包单位的工作使监理工程师满意，也是工程支付的重要条件。

（2）工程支付的项目

①工程量清单项目。工程量清单项目分为一般项目、暂定金额和计日工 3 种：

a. 一般项目。一般项目是指工程量清单中除暂定金额和计日工以外的全部项目。这类项目的支付款额是按照监理工程师计量的工程数量乘以工程量清单中的单价计算确定的，其单价一般是不变的。一般项目支付占工程费用的绝大部分，一般通过签发期中支付证书支付进度款。

b. 暂定金额。暂定金额是指包括在合同中供工程任何部分施工，或提供货物、材料、设备、服务，或提供不可预料事件之费用的一项金额。这项金额按照监理工程师的指示可能全部或部分使用，或根本不予动用。没有监理工程师的指示，承包单位不能进行暂定金额项目的任何工作。

c. 计日工。计日工是指承包单位在工程量清单的附件中，按工种或设备填报单价的日工劳务费和机械台班费，一般用于清单中没有定价的零星附加工作。只有当监理工程师指示承包单位实施以日工计价的工作时，承包单位才能获得计日工付款。由于承包单位在投标时，计日工的报价不影响评标总价，所以一般计日工的报价较高。在工程施工过程中，监理工程师应尽量少用或不用计日工这种形式，因为大部分采用计日工形式实施的工程，也可采用工程变更的形式。

②工程量清单以外的项目。

a. 动员预付款。动员预付款是建设单位借给承包单位进驻场地和施工准备用款。动员预付款相当于建设单位给承包单位的无息贷款。承包单位在投标时，提出预付款的额度，并在标书附录中予以明确。按照合同规定，当承包单位的工程进度款累计金额超过合同价格的10%～20%时，采用按月等额均摊的办法开始扣回，至合同规定的竣工日期前 3 个月全部扣清。

b. 材料设备预付款。材料设备预付款是指运至工地尚未用于工程的材料设备预付款。预付款按材料设备的某一比例(通常为材料发票价的 70% ~80% ,设备发票价的 50% ~60%)支付。材料、设备预付款按合同中规定的条款从承包单位应得的工程款中分批扣除。一般要求在合同规定的完工日期前至少 3 个月扣清,最好是材料设备一用完,该材料设备的预付款就扣还完毕。

c. 保留金。保留金是为了确保在施工阶段或在缺陷责任期间,由于承包单位未能履行合同义务,由建设单位(或监理工程师)指定他人完成应由承包单位承担的工作所发生的费用。FIDIC 合同条件规定,保留金的款额为合同总价的 5% ,从第 1 次付款证书开始,按期中支付工程款的 10% 扣留,直到累计扣留达到合同总额的 5% 止。保留金的退还一般分两次进行。在颁发整个工程的移交证书时,退还一半保留金给承包单位;在工程缺陷责任期满时,另一半保留金将由监理工程师开具证书付给承包单位。

d. 工程变更的费用。工程变更也是工程支付中的一个重要项目。工程变更费用支付的依据是工程变更指令和监理工程师对变更项目所确定的变更费用,支付时间和支付方式也是列入期中支付证书予以支付。

e. 索赔费用。索赔费用的支付依据是监理工程师批准的索赔审批书及其计算而得的款额,支付时间则随工程进度款一并支付。

f. 价格调整费用。价格调整费用是按照合同条件规定的适用方法计算调整的款额,包括施工过程中出现的劳务和材料费用的变更、后继的法规及其政策的变化导致的费用变更等。

g. 迟付款利息。按照合同规定,建设单位未能在合同规定的时间内向承包单位付款,则承包单位有权收取迟付款利息。迟付款利息应在迟付款终止后的第 1 个月的付款证书中予以支付。

h. 建设单位索赔。建设单位索赔主要包括拖延工期的误期赔偿和缺陷工程损失等。这类费用可以从承包单位的保留金中扣除,也可从支付给承包单位的款项中扣除。

(3)工程费用支付程序

①承包单位提出付款申请。首先由承包单位根据经专业监理工程师质量验收合格的工程,提出付款申请,按施工合同的约定填报工程量清单和一系列监理工程师指定格式的月报表,说明承包单位认为应得的有关款项。申请付款项目包括:

a. 已实施的永久工程的价值;

b. 工程量表中任何其他项目,包括承包单位的设备、临时工程、计日工及类似项目;

c. 主要材料及承包单位在工地交付的准备为永久工程配套而尚未安装的设备发票价值的一定百分比;

d. 价格调整;

e. 按合同规定承包单位有权得到的任何其他金额。承包单位的付款申请将作为付款证书的附件,但它不是付款的依据,监理工程师有权对承包单位的付款申请作出任何方面的修改。

②监理工程师审核,编制期中付款证书。监理工程师在 28 d 内,对承包单位提交的付款申请进行全面审核,修改或删除不合理的部分,计算付款净金额,扣除该月应扣除的保留金、动员预付款、材料设备预付款、违约罚金等。若净金额小于合同规定的临时支付的最小限额,则监理工程师无须开具任何付款证书。

③建设单位支付。建设单位收到监理工程师签发的付款证书后,按合同规定的时间支付给承包单位。

5.3 竣工决算

建设项目竣工决算是指在竣工验收、交付使用阶段,由建设单位编制的从建设项目筹建到竣工投产或使用全过程实际成本的经济文件。竣工决算是建设工程经济效益的全面反映,是项目法人核定各类新增资产价值、办理其交付使用的依据。通过竣工决算,一方面能够正确反映建设工程的实际造价和投资结果;另一方面可以通过竣工决策与概算、预算的对比分析,考核投资控制的工作成效,总结经验教训,积累技术经济方面的基础资料,提高未来建设工程的投资效益。

· 5.3.1 竣工决算的编制 ·

1)竣工决算的内容

竣工决算是建设工程从筹建到竣工投产全过程中发生的所有实际支出,包括设备工器具购置费、建筑安装工程费和其他费用等。竣工决算由竣工财务决算报表、竣工财务决算说明书、竣工工程平面示意图、工程造价比较分析4部分组成。其中,竣工财务决算报表和竣工财务决算说明书属于竣工财务决算的内容。竣工财务决算是竣工决算的组成部分,是正确核定新增资产价值,反映竣工项目建设成果的文件,是办理固定资产交付使用手续的依据。

2)竣工决算的编制依据

建设项目竣工决算编制的依据主要有:

①经批准的建设项目可行性研究报告及其投资估算书。

②经批准的建设项目初步设计或扩大初步设计及总概算书。

③经批准的建设项目设计图纸及其施工图预算书。

④设计交底或图纸会审纪要。

⑤建筑工程的合同文件和工程结算文件。

⑥设备安装工程结算文件。

⑦设备购置费用结算文件。

⑧工器具和生产用具购置费用结算文件。

⑨其他工程和费用的结算文件。

⑩施工记录或技术经济签证,以及其他施工中发生的费用记录。

⑪竣工图及各种竣工验收资料。

⑫国家和地方主管部门发布的有关建设项目竣工决算文件。

3)竣工决算的编制步骤

根据国家有关文件规定,竣工决算的编制步骤如下:

①搜集、整理、分析原始资料。从建设工程开始就按编制依据的要求,收集、清点、整理有关资料。

②对照、核实工程变动情况,重新核实各单位工程、单项工程造价。

③将审定后的待摊投资、设备工器具投资、建筑安装工程投资、工程建设、其他投资严格划

分和核定后,分别计入相应的建设成本栏目内。

④编制竣工财务决算说明书,力求内容全面、简明扼要、文字流畅,能够准确说明问题。

⑤填报竣工财务决算报表。

⑥作好工程造价对比分析。

⑦清理、装订好竣工图。

⑧按国家规定上报、审批。

· 5.3.2　竣工决算的审核 ·

对建设项目竣工决算的审核,要以国家的有关方针政策、基本建设计划、设计文件和设计概算等为依据,着重审核以下内容:

1)基本建设计划和设计概算的执行情况

根据批准的基本建设计划和设计概算,审核竣工项目是否是计划内项目,有无计划外工程;设计变更是否经过有关设计部门办理变更设计手续;工程量的增减、工期的提前或延迟是否经过甲、乙双方签证和批准;设计概算投资执行的结果是超支或节约等。

正常情况下,建设项目实际投资不允许超过设计概算投资,但是,我国规定如遇到以下情况,可调整指标:

①因资源、水文地质、工程地质情况发生重大变化,引起建设方案变动。

②人力不可抗拒的自然灾害造成重大损失。

③国家统一调整价格,引起概算发生重大变化。

④国家计划发生重大修改。

⑤设计发生重大修改。

2)审核各项费用开支

根据财务制度审核各项费用开支是否符合规定。如有无乱挤乱摊成本,任意扩大成本开支范围;有无自定标准,扩大生活福利和资金;有无假公济私、铺张浪费等违反财经制度和财经纪律的情况。

3)审核结余物资和资金情况

这主要是审核结余物资和资金是否真实准确。各项应收、应付款是否结清;工程上应摊销和核销的费用是否已经摊销和核销;应收应退的结算材料、设备是否已收回或退清等。

4)审核竣工决算情况说明书的内容

这主要审核所列举工程项目的建设事实及投资控制和使用情况是否全面、系统、符合实际、说明问题。

· 5.3.3　新增资产价值的确定 ·

竣工决算是办理交付使用阶段的依据。正确核定新增资产的价值,不但有利于建设项目交付使用以后的财务管理,而且可以为建设项目进行经济后评估提供依据。

根据财务制度,新增资产是由各个具体的资产项目构成,按其经济内容不同,可以将企业的资产划分为流动资产、固定资产、无形资产、递延资产、其他资产。资产的性质不同,计价方法也不同。

1）新增固定资产的含义

新增固定资产又称交付使用的固定资产,是投资项目竣工投产后所增加的固定资产价值,是以价值形态表示的固定资产投资最终成果的综合性指标。新增固定资产价值的内容包括:

①已经投入生产或交付使用的建筑安装工程价值。

②达到固定资产标准的设备工器具的购置价值。

③增加固定资产价值的其他费用,如建设单位管理费、报废工程损失、项目可行性研究费、勘察设计费、土地征用及拆迁补偿费、联合试运转费等。

2）新增固定资产价值的计算

新增固定资产价值的计算是以独立发挥生产能力的单项工程为对象的,在计算中应注意如下4点:

①对于为提高产品质量、改善劳动条件、节约材料消耗、保护环境而建设的附属辅助工程,只要全部建成,正式验收或交付使用就要计入新增固定资产价值。

②对于单项工程中不构成生产系统,但能独立发挥效益的非生产性工程,如住宅、食堂、医务所、托儿所等,在建成并交付使用后,也要计算新增固定资产价值。

③凡购置达到固定资产标准不需安装的设备、工器具,应在交付使用后,计入新增固定资产价值。

④属于新增固定资产价值的其他投资,应随同受益工程交付使用的同时一并计入。

案例分析

【案例1】

某工程项目合同价为8 000万元,总工期为18个月。在网络计划中,如图5.3所示。工作C,F,J 3项工作均为土方工程,土方工程量分别为7 000,10 000,6 000 m³,共计23 000 m³。土方单价为17元/m³。合同中规定,土方工程量增加超出原估算工程量15%时,新的土方单价可从原来的17元/m³调整到15元/m³。在工程按计划进行4个月后(已完成A,B两项工作的施工),建设单位提出增加一项新的土方工程N,该项工作要求在F工作结束以后开始,并在G工作开始前完成,以保证G工作在E和N工作完成后开始施工,根据承包单位提出并经监理工程师审核批复,该项N工作的土方工程量约为9 000 m³,施工时间需要3个月。

根据施工计划安排,C,F,J工作和新增加的土方工程N使用一台挖土机先后施工,现承包单位提出由于增加土方工程N后,使租用的挖土机增加了闲置时间,要求补偿挖土机的闲置费用(每台闲置1 d为800元)和延长工期3个月。

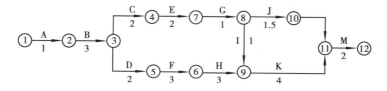

图5.3 网络计划

【问题】

1.增加一项新的土方工程 N 后,土方工程的总费用应为多少?

2.监理工程师同意给予承包单位施工机械闲置补偿,应补偿多少费用?

【答题要点】

1.由于在计划中增加了土方工程 N,土方工程总费用计算如下:

①增加 N 工作后,土方工程总量为:
$$23\ 000\ m^3 + 9\ 000\ m^3 = 32\ 000\ m^3$$

②超出原估算土方工程量:
$$(32\ 000 - 23\ 000)m^3/23\ 000\ m^3 \times 100\% = 39.13\% > 15\%$$

③超出 15% 的土方量为:
$$32\ 000\ m^3 - 23\ 000\ m^3 \times 115\% = 5\ 550\ m^3$$

④土方工程的总费用为:
$$23\ 000\ m^3 \times 115\% \times 17\ 元/m^3 + 5\ 550\ m^3 \times 15\ 元/m^3 = 53.29\ 万元$$

2.施工机械闲置补偿计算

①不增加 N 工作的原计划机械闲置时间:

在图 5.4 中,因 E,G 工作的时间为 3 个月,与 F 工作时间相等,因此安排挖土机按 D→F→J 顺序施工可使机械不闲置。

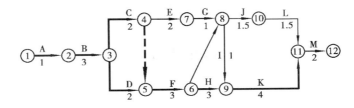

图 5.4

②增加了土方工作 N 后机械的闲置时间:

在图 5.4 中,安排挖土机 C→F→N→J 按顺序施工,由于 N 工作完成后到 J 工作的开始中间还需施工 G 工作,造成机械闲置 1 个月。

③监理工程师应批准给予承包单位施工机械闲置补偿费:
$$30 \times 800\ 元 = 24\ 000\ 元(不考虑机械调往其他处使用或退回租赁处)$$

【案例 2】

某工程项目施工合同价为 560 万元,合同工期为 6 个月,施工合同规定:

①开工前建设单位向施工单位支付合同价 20% 的预付款。

②建设单位自第 1 个月起,从承包单位的应得工程款中按 10% 的比例扣留保留金,保留金限额暂定为合同价的 5%,保留金到第 3 个月底全部扣完。

③预付款在最后 2 个月扣除,每月扣 50%。

④工程进度款按月结算,不考虑调价。

⑤建设单位供料价款在发生当月的工作款中扣回。

⑥若承包单位每月实际完成的产值不足计划产值的 90% 时,建设单位可按实际完成产值的 8% 扣留工程进度款,在工程竣工结算时将扣留的工程进度款退还承包单位。

⑦经建设单位签认的施工进度计划和实际完成产值见表 5.3。

表 5.3 施工进度计划和实际完成产值

时间/月	1	2	3	4	5	6
计划完成产值/万元	70	90	110	110	100	80
实际完成产值/万元	70	80	120			
建设单位供料价款/万元	8	12	15			

该工程施工进入第 4 个月时,由于建设单位资金出现困难,合同被迫终止。为此,承包单位提出以下赔偿要求:

①施工现场存有为本工程购买的特殊工程材料,共计 50 万元。

②因设备撤回基地发生的费用 10 万元。

③人员遣返费用 8 万元。

【问题】

1. 工程的工程预付款是多少万元? 应扣留的保留金为多少万元?

2. 1～4 个月造价工程师各月签证的工程款是多少万元? 应签发的付款凭证金额是多少万元?

3. 合同终止时建设单位已支付承包单位各类工程款多少万元?

4. 合同终止后承包单位提出的补偿要求是否合理? 建设单位应补偿多少万元?

5. 合同终止后建设单位应向承包单位支付多少万元的总工程款?

【答题要点】

1. 工程预付款为:560 万元 ×20% = 112 万元

   保留金为:560 万元 ×5% = 28 万元

2. 第 1 个月:签证的工程款为:70 万元 ×(1 − 0.1) = 63 万元

   应签发的付款凭证金额为:63 万元 − 8 万元 = 55 万元

   第 2 个月:本月实际完成产值不足计划产值的 90%,$\dfrac{90\ 万元 − 80\ 万元}{90\ 万元} ×100\% = 11.1\%$

   签证的工程款为:80 万元 ×(1 − 0.1) − 80 万元 ×8% = 65.6 万元

   应签发的付款凭证金额为:65.6 万元 − 12 万元 = 53.6 万元

   第 3 个月:本月扣保留金为:28 万元 − (70 + 80)万元 ×10% = 13 万元

   签证的工程款为:120 万元 − 13 万元 = 107 万元

   应签发的付款凭证金额为:107 万元 − 15 万元 = 92 万元

3. 建设单位已支付承包单位各类工程款为:

   112 万元 + 55 万元 + 53.6 万元 + 92 万元 = 312.6 万元

4. 已购特殊工程材料价款补偿 50 万元的要求合理。施工设备遣返费补偿 10 万元的要求不合理。

   应补偿:$\dfrac{560\ 万元 − 70\ 万元 − 80\ 万元 − 120\ 万元}{560\ 万元} ×10\ 万元 = 5.18\ 万元$

   承包人员遣返费补偿 8 万元的要求不合理。

   应补偿:$\dfrac{560\ 万元 − 70\ 万元 − 80\ 万元 − 120\ 万元}{560\ 万元} ×8\ 万元 = 4.14\ 万元$

合计:59.32 万元。

5. 总工程款:70 万元 + 80 万元 + 120 万元 + 59.32 万元 - 8 万元 - 12 万元 - 15 万元 = 294.32 万元

复习思考题 5

5.1 什么是建设工程投资？其构成内容包括哪些?

5.2 建设工程投资控制的概念与要求是什么?

5.3 施工阶段投资控制的措施有哪些?

5.4 工程计量的依据和方法有哪些?

5.5 工程变更的内容与程序是什么?

5.6 我国现行建筑安装工程价款的主要结算方式和支付方式有哪些?

6 建设工程进度控制

6.1 施工进度控制概述

· 6.1.1 进度控制的概念、原理及措施 ·

1）进度控制的概念

工程进度控制是指在实现工程项目总目标的过程中，为使工程建设的实际进度符合工程项目进度计划要求，监理人员依据合同赋予的权力对工程项目建设的工作程序和持续时间进行计划、实施、检查、调整等一系列监督管理活动。进度控制的最终目的是确保工程项目进度目标的实现。进度控制目标由委托监理合同决定，可以是工程项目从立项到工程项目竣工验收并投入使用的整个实施过程的计划时间（建设工期），也可以是工程项目实施过程中某个阶段的计划时间（如设计阶段或施工阶段的合同工期）。由于施工阶段是工程实体的形成阶段，施工期限长，因此对施工阶段进行进度控制是整个建设工程项目进度控制的重点。本章重点论述施工进度控制。

2）进度控制的原理

监理工程师在进行进度控制时，要遵循系统控制的原理。由于进度控制、质量控制与投资控制被列为工程项目建设三大控制目标，三者之间既相互依赖又相互制约，所以在采取进度控制措施时，要兼顾质量目标和投资目标，以免对质量目标和投资目标带来不利影响。

工程项目的进度控制是监理工程师的三大目标控制的重要组成之一。要有效地进行控制必须事先对影响进度的各种因素进行调查，预测其对进度可能产生的影响，编制可行的进度计划，指导工程项目按计划实施。在计划执行过程中，由于受到各种因素的影响，往往难以按原定进度计划执行，这就要求监理工程师采用动态控制原理，不断进行检查，将实际情况与计划安排进行对比，找出偏离计划的原因，特别是找出主要原因，然后采取相应的措施。措施的确定有两个前提：一是通过采取措施，维持原计划，使之正常实施；二是采取措施后不能维持原计划，要对原进度计划进行调整或修正，再按新的计划实施。如此循环往复，直到建设工程竣工验收为止。这种不断地计划、执行、检查、分析、调整计划的动态循环过程，就是进度控制。

建设工程项目进度控制的原理如图 6.1 所示。

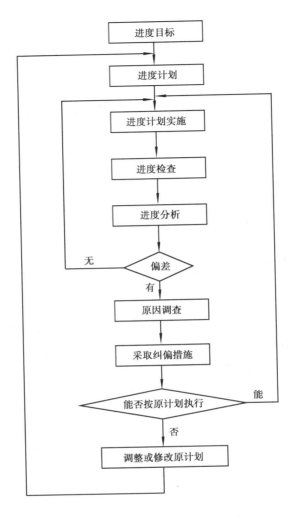

图6.1 进度控制原理图

3)进度控制的措施

（1）组织措施

①建立进度控制目标体系,明确建设工程现场监理组织机构中进度控制人员及其职责分工。

②建立工程进度报告指导及进度信息沟通网络。

③建立进度计划审核指导和进度计划实施中的检查分析制度。

④建立进度协调会议制度,包括协调会议举行的时间、地点、协调会议的参加人员等。

⑤建立图纸审查、工程变更管理制度。

（2）技术措施

①审查承包单位提交的进度计划,使承包单位能在合理的状态下施工。

②编制进度控制工作细则,指导监理人员实施进度控制。

③采用网络计划技术及其他科学适用的计划方法,对工程进度实施动态控制。

（3）经济措施

①及时办理工程预付款及工程进度款支付手续。

②对应急赶工的给予优厚的赶工费用。

③对工期提前的给予奖励。

④对工程延误的收取误期损失赔偿金。

⑤加强索赔管理，公正地处理索赔。

（4）合同措施

①加强合同管理，协调合同工期与进度计划之间的关系，保证合同中进度目标的实现。

②严格控制合同变更，对工程变更监理工程师应严格审查。

③加强风险管理，在合同中应充分考虑风险因素对进度的影响，以及相应的处理方法。

（5）信息管理措施

进度控制的信息管理措施主要是实施动态控制，通过不断地收集施工实际进度的有关资料，经过整理、统计并与计划进度进行比较，定期向建设单位提供比较报告。

· 6.1.2　影响进度的因素分析 ·

由于工程项目具有庞大、复杂、周期长、参与单位多等特点，因而影响进度的因素很多，如人员素质、材料供应、机械设备运转情况、技术力量、工程施工计划、管理水平、资金流通、地形地质、气候条件、特殊风险等。影响工程施工进度的因素主要可划分为承包单位的原因、建设单位的原因、监理工程师的原因和其他原因。

1）承包单位的原因

①承包单位在合同规定的时间内，未能按时向监理工程师提交符合监理工程师要求的工程施工进度计划。

②承包单位由于技术力量、机械设备和建筑材料的变化或对工程承包合同及施工工艺等不熟悉，造成承包单位违约而引起的停工或施工缓慢。

③工程施工过程中，因各种因素使工程进度不符合工程施工进度计划时，承包单位未能按监理工程师的要求，在规定的时间内提交修订的工程施工进度计划，使后续工作无章可循。

④承包单位质量意识不强，质检系统不完善，工程出现质量事故，对工程施工进度造成严重影响。

2）建设单位的原因

在工程施工过程中，建设单位若未能按工程承包合同的规定履行义务，也将严重影响工程进度计划，甚至会造成承包单位终止合同。建设单位的原因主要表现在以下几个方面：

①建设单位未能按监理工程师同意的施工进度计划随工程进展向承包单位提供施工所需的现场和通道。这种情况不仅使工程的施工进度计划难以实现，而且还会导致工程延期和索赔事件的发生。

②因建设单位的原因，监理工程师未能在合理的时间内向承包单位提供施工图样和指令，给工程施工带来困难或承包单位已进入施工现场开始施工，由于设计发生变更，但变更设计图没有及时提交承包单位，从而严重影响工程施工进度。

③工程施工过程中，建设单位未能按合同规定期限支付承包单位应得的款项，造成承包单

位无法正常施工或暂停施工。

3)监理工程师的原因

监理工程师的主要职责是对建设项目的投资、质量、进度目标进行有效的控制,对合同、信息进行科学的管理。但是,由于监理工程师业务素质不高,工作中出现失职、判断或指令错误,或未按程序办事等原因,也将严重影响工程施工进度。

4)其他原因

①设计中采用不成熟的工艺。

②未预见到的额外或附加工程造成的工程量追加,影响原定的工程施工进度计划,如未预见的地下构筑物的处理、开挖基坑土石方量增加、土石的比例发生较大的变化、简单的结构形式改为复杂的结构形式等,均会影响工程施工进度。

③在工程施工过程中,遇到异常恶劣的气候条件,如台风、暴雨、高温、严寒等,必将影响工程进度计划的执行。

④无法预测和防范的不可抗力作用,以及特殊风险的出现,如战争、政变、地震、暴乱等。

另外,组织协调与进度控制密切相关,二者都是为最终实现建设工程项目目标服务的。在建设工程三大目标控制中,组织协调对进度控制的作用最为突出,而且最为直接,有时甚至能取得常规控制措施难以达到的效果。因此,为了更加有效地进行进度控制,还应做好有关建设各方面的协调工作。

·6.1.3 施工阶段进度控制的主要任务·

监理工程师受建设单位的委托在施工阶段实施监理时,其进度控制的主要任务就是在满足工程项目建设总进度计划要求的基础上,编制或审核施工总进度计划及施工年、季、月实施计划等,帮助承包单位实施施工进度计划,并在施工进度计划的实施过程中做好检查、监督、调整的动态控制工作和现场协调工作,力求工程项目按期竣工交付使用。

6.2 施工进度计划控制的工作内容

工程项目施工进度控制工作流程,如图6.2所示。

·6.2.1 施工进度控制目标·

对施工进度进行控制是为了保证施工进度目标的实现,因而监理工程师首先要确定施工进度总目标,并从不同角度对施工进度总目标进行层层分解,形成施工进度控制目标体系,以此作为实施进度控制的依据。

1)施工进度控制目标及其分解

保证工程项目按合同工期竣工交付使用,是工程建设施工阶段进度控制的总目标。工程项目不仅要有这个总目标,还要有各单位工程交付使用的分目标以及按承包单位、施工阶段和不同计划期划分的分目标。各目标之间相互联系,共同构成工程建设施工进度控制目标体系。其中,下级目标受上级目标的制约,下级目标保证上级目标的实现,最终保证施工进度总目标的实现。

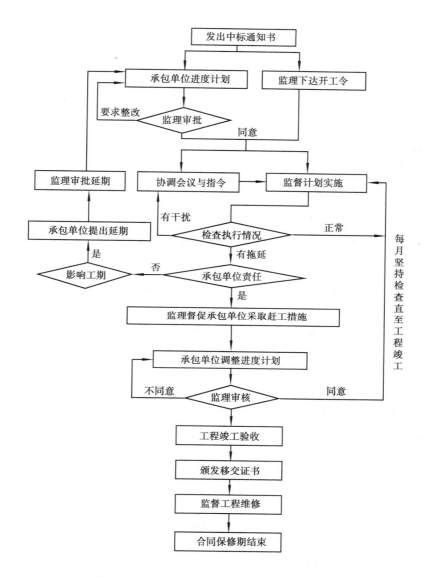

图6.2 工程项目施工进度控制工作流程图

工程建设施工进度控制目标体系,如图6.3所示。

2)施工进度控制目标的确定

在确定施工总进度及分解目标时,还应认真考虑以下因素:

①工程建设项目总进度计划对施工工期的要求及工期定额的规定。

②项目建设的需要。对于大型工程建设项目,应根据尽早分期分批交付使用的原则,集中力量分期分批建设,以便尽早投入使用,尽快发挥投资效益。对不同专业的配合(如土建施工与设备安装),要按照各专业的特点,合理安排土建施工与设备基础、设备安装的先后顺序及搭接、交叉或平行作业,明确设备工程对土建工程的要求和土建工程为设备工程提供施工条件的内容及时间。

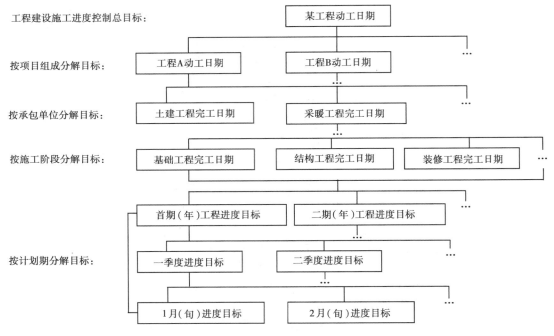

图 6.3　工程建设施工进度控制目标体系

③结合当前工程的特点,参考同类工程建设的经验来确定施工进度目标。减少确定目标的盲目性,避免在实施过程中造成进度失控。

④资金、人力、物力条件。施工进度的确定应与资金供应情况、施工现场可能投入的施工力量、物资(材料、构配件、设备)供应情况相协调。

⑤考虑外部协作条件的配合情况,包括施工过程中及项目竣工交付使用所需的水、电、气、通信、道路及其他社会服务项目的满足程序和满足时间,必须与有关项目的进度目标相协调。

⑥考虑工程项目所在地区地形、地质、水文、气象等方面的限制条件。

进度目标一经确定,就应在施工进度计划的执行过程中实行有效控制,以确保目标的实现。

·6.2.2　施工进度控制监理工程师的职责与权限·

1)施工进度控制监理工程师的职责

监理工程师的职责可概括为监督、协调和服务,在监督过程中做好协调、服务,确保施工进度按合同工期实现。因此,监理工程师应做好以下工作:

①控制工程项目施工总进度计划的实现,并做好各阶段进度目标的控制。审批承包商呈报的单位工程进度计划,见表6.1。本表一式3份,送监理机构审核后,建设、监理及承包单位各1份。

②根据承包单位完成施工进度的状况,签署月进度支付凭证。

③向承包单位及时提供施工图纸及有关技术资料,并及时提供由建设单位负责供应的材料和机械设备等。

④组织召开进度协调会议,协调好各承包单位之间的施工安排,尽可能减少相互干扰,以保证施工进度计划顺利实施。

表 6.1 施工进度计划(调整计划)报审表

工程名称：＿＿＿＿＿＿＿＿＿＿＿＿＿＿ 编号：＿＿＿＿＿＿

致：＿＿＿＿＿＿＿＿＿＿＿＿＿＿＿＿＿＿＿(监理单位)

　　兹上报＿＿＿＿＿＿＿＿＿＿＿＿＿＿＿＿＿＿＿＿＿＿工程施工进度计划(调整计划)，请审查批准。

　　附件：施工进度计划表(包括说明、图表、工程量、机械、劳动力计划等)

承包单位(章)＿＿＿＿＿＿＿＿

项目经理＿＿＿＿＿＿＿＿＿＿

日期＿＿＿＿＿＿＿＿＿＿＿＿

审查意见：

　　1.同意　　　2.不同意　　　3.建议按以下内容修改补充

项目监理机构(章)＿＿＿＿＿＿＿＿

总监理工程师＿＿＿＿＿＿＿＿＿＿

日期＿＿＿＿＿＿＿＿＿＿＿＿

　　⑤定期向建设单位提交工程进度报告，作好各种施工进度记录，并保管与整理好各种报告、批示、指令及其他有关资料。

　　⑥组织阶段验收与竣工验收，公正合理地处理好承包单位的工期索赔要求。

2)施工进度控制监理工程师的权限

根据国际惯例和我国有关规定，监理工程师进行施工进度控制的权限有以下几个方面：

(1)适时下达开工令，按合同规定的日期开工与竣工

工程开工报审见表 6.2。该表由承包单位编写，一式 4 份，送监理机构审核后，建设、监理单位各 1 份，承包单位 2 份。

(2)施工组织设计的审定权

监理工程师应对施工组织设计进行审查，提出修改意见及择优批准最终方案以指导施工实践。施工组织设计报审表见附表 2。该表由承包单位编写，一式 3 份，送监理机构审核后，建设、监理及承包单位各 1 份。

(3)修改设计的建议及设计变更签字权

由于施工过程中情况多变或原设计方案、施工图存在不合理现象，经技术论证后认为有必要优化设计时，监理工程师有权建议设计单位修改设计。所有的设计变更必须征得监理工程师的同意，经签字认可后方可施工。工程变更单见附表 17。该表一式 4 份，送监理机构审核后，建设、监理单位各 1 份，承包单位 2 份。

(4)工程付款签证权

未经监理工程师签署付款凭证，建设单位将拒付承包单位的施工进度、备料、购置、设备、工程结算等款项。

表 6.2 工程开工报审表

工程名称： 编号：

致：_____（监理单位）
我方承担的_____准备工作已完成。
一、施工许可证已获政府主管部门批准；　　　　　　　　　　　□
二、征地拆迁工作能满足工程进度的需要；　　　　　　　　　　□
三、施工组织设计已获总监理工程师批准；　　　　　　　　　　□
四、现场管理人员已到位,机具、施工人员已进场,主要规划厂材料已落实；　□
五、进场道路及水、电、通信等已满足开工要求；　　　　　　　□
六、质量管理、技术管理和质量保证的组织机构已建立；　　　　□
七、质量管理、技术管理的制度已制订；　　　　　　　　　　　□
八、专职管理人员和特种作业人员已取得资格证、上岗证。　　　□
特此申请,请核查并签发开工指令。
承包单位(章)_____
项目经理_____
日期_____
审查意见：
项目监理机构(章)_____
总监理工程师_____
日期_____

（5）下达停工令和复工令

因建设单位原因或施工条件发生较大变化而必须停工时,监理工程师有权发布停工令,在符合合同要求时也有权发布复工令。对于承包单位出现的不符合质量标准、规范、图纸等要求的施工,监理工程师有权签发整改通知单,限期整改,整改不力的在报请总监理工程师同意后可签发停工通知单,直至整改验收合格后才准许复工。工程暂停令见附表16,该表一式4份,建设、监理单位各1份,施工单位2份,其中1份存入城建档案。复工报审表见表6.3,该表由承包单位编写,一式3份,送监理机构审核后,建设、监理及承包单位各1份。

（6）索赔费用的核定权

由于非承包单位原因而造成的工期拖延及费用增加,承包单位有权向业主提出工期索赔,监理工程师有权核定索赔的依据和索赔费用的金额。工程临时延期报审表见附表12,该表由承包单位编写,一式3份,送监理机构审核后,建设、监理及承包单位各1份。工程最终延期报审表见附表13,该表由承包单位编写,一式3份,送监理机构审核后,建设、监理及承包单位各1份。

（7）工程验收签字权

当分部分项工程或隐蔽工程完工后,应由（总）监理工程师组织验收,经签发验收证后方可继续施工,注意避免出现承包单位因抢施工进度而不经验收就继续施工的情况发生。工程临时延期报审表见表6.4。该表由承包单位编写,一式3份,建设、监理及承包单位各1份。

表6.3 复工报审表

工程名称: 　　　　　　　　　　　　　　　　　　　　　　　　　　　编号:

致:＿＿＿＿＿＿＿＿＿＿＿＿＿＿＿＿＿(监理单位)

　　鉴于＿＿＿＿＿＿＿＿＿＿＿工程,按第＿＿＿＿＿＿＿号工程暂停令已进行整改,并经检查后已具备复工条件,请核查并签发开工指令。

　　附件:具备复工条件的情况说明

承包单位(章)＿＿＿＿＿＿＿＿＿

项目经理＿＿＿＿＿＿＿＿＿＿＿

日期＿＿＿＿＿＿＿＿＿＿＿＿＿

审查意见:

　　□　具备复工条件,同意复工;

　　□　不具备复工条件,暂不同意复工。

项目监理机构(章)＿＿＿＿＿＿＿

总监理工程师＿＿＿＿＿＿＿＿＿

日期＿＿＿＿＿＿＿＿＿＿＿＿＿

表6.4 工程临时延期报审表

工程名称: 　　　　　　　　　　　　　　　　　　　　　　　　　　　编号:

致:＿＿＿＿＿＿＿＿＿＿＿＿＿＿＿＿＿(监理单位)

承包单位(章)＿＿＿＿＿＿＿＿＿

项目经理＿＿＿＿＿＿＿＿＿＿＿

日期＿＿＿＿＿＿＿＿＿＿＿＿＿

审查意见:

项目监理机构(章)＿＿＿＿＿＿＿

总/专业监理工程师:＿＿＿＿＿＿＿

日期＿＿＿＿＿＿＿＿＿＿＿＿＿

·6.2.3　施工阶段进度控制的工作内容·

工程项目的施工进度控制从审核承包单位提交的施工进度计划开始,直至工程项目保修期满为止,其工作内容主要有以下几个方面:

(1)编制施工阶段进度控制工作方案

根据监理大纲、监理规划,按每个工程项目编制进度控制工作方案。

(2)编制或审核进度计划

编制或审核施工总进度计划,审核承包单位编制的单位工程进度计划和作业计划,编制年度进度计划。

对于大型建设项目,由于单项工程较多、施工工期长,且采取分期分批发包,又没有负责全部工程的总承包单位时,监理工程师就要负责编制施工总进度计划。施工总进度计划应确定分期分批的项目组成,各批工程项目的开工、竣工顺序及时间安排,全场性准备工程(特别是首批准备工程)的内容与进度安排等。当建设项目有总承包单位时,监理工程师只需对总承包单位提交的施工总进度计划进行审核即可。

若监理工程师在审核施工进度计划的过程中发现问题,应及时向承包单位提出书面修改意见(整改通知书),并协助承包单位修改。其中,重大问题应及时向建设单位汇报。经监理工程师审查、承包单位修订后的施工进度计划,可作为工程建设项目进度控制的标准。

(3)按年、季、月编制工程综合计划

在按计划期编制的进度计划中,应解决各承包单位施工进度计划之间、施工进度计划与资源(包括资金、设备、机具、材料及劳动力)保障计划之间及外部协作条件的延伸性计划之间的综合平衡与相互衔接问题,并根据上期计划的完成情况对本计划作必要的调整,从而作为承包单位近期执行的指令性计划。

(4)适时下达开工令

监理工程师应根据承包单位和建设单位双方关于工程开工的准备情况,选择合适的时机发布工程开工令。工程开工令的发布要尽可能及时,从发布工程开工令之日起加上合同工期后即为工程竣工日期。如果开工令拖延就等于拖延了竣工时间,甚至可能引起承包单位的索赔。

(5)协助承包单位实施进度计划

监理工程师要随时了解施工进度计划执行过程中所存在的问题,并帮助承包单位予以解决,特别是承包单位无力解决的内外关系协调问题。

(6)施工进度计划实施过程的检查监督

监理工程师要及时检查承包单位报送的施工进度报表和分析资料,同时还要进行必要的现场实地检查,核实所报送的已完成项目时间及工程量,将其与计划进度相比较,以判定实际进度是否出现偏差。如果出现进度偏差,监理工程师应进一步分析此偏差对进度控制目标的影响程度及其产生的原因,以便研究对策,提出纠偏措施,必要时还应对后期工程进度计划做适当的调整。

(7)组织现场协调会

监理工程师应每月、每周定期召开现场协调会议,以解决工程施工过程中的相互协调配合问题。在每月召开的高层协调会上通报工程项目建设中的变更事项,协调其后果处理,解决各个承包单位之间以及建设单位与承包单位之间的重大协调配合问题;在每周召开的管理层协调会上,通报各自进度情况、存在的问题及下周的安排,解决施工中的相互协调配合问题。

在平行、交叉施工单位多,工序交接平凡且工期紧迫的情况下,现场协调甚至需要每日召开。在会上通报和检查当天的工程进度,确定薄弱环节,部署当天的赶工任务,以便为次日正常施工创造条件。

对于某些未曾预料的突发变故或问题,监理工程师还可以通过发布紧急协调指令,督促有关单位采取应急措施维护工程施工的正常秩序。

(8)签发工程进度款支付凭证

监理工程师应对承包单位申报的已完分项工程量进行核实,在质量监理人员通过检查验收后签发工程进度款支付凭证。

(9)审批工程延期

在工程施工中,当发生非承包人的原因造成的工程延期时,监理工程师可以根据合同规定处理工程延期。

(10)向建设单位提供进度报告

监理工程师应随时整理进度资料,并做好工程记录,定期向建设单位提交工程进度报告。

(11)督促承包单位整理技术资料

监理工程师要根据工程进展情况,督促承包单位及时整理有关技术资料。

(12)审批竣工申请报告,协助组织竣工验收

当工程竣工后,监理工程师应审批承包单位在自行预验基础上提交的初验申请报告,组织建设单位和设计单位进行初验。在初验通过后填写初验报告及竣工申请书,并协助建设单位组织工程项目的竣工验收,编写竣工验收报告书。

(13)处理争议和索赔

在工程结算过程中,监理工程师要处理有关争议和索赔问题。

(14)整理工程进度资料

在工程完工以后,监理工程师应将工程进度资料收集起来,进行归类、编目和建档,以便为今后其他类似工程项目的进度控制提供参考。

(15)工程移交

监理工程师应督促承包单位办理工程移交手续,颁发工程移交证书。在工程移交后的保修期内,还要处理验收后质量问题的原因即责任等争议问题,并督促责任单位及时修理。当保修期结束且无争议时,工程项目进度控制的任务即告完成。

6.3 施工进度计划实施过程中的检查与监督

· 6.3.1 施工进度计划的检查与监督 ·

工程项目在施工过程中,由于受到各种因素的影响,进度计划在执行过程中往往会出现偏差,如果偏差不能得到及时纠正,工程项目的总工期将会受到影响。因此,监理工程师应定期、经常地对进度计划的执行情况进行检查、监督,及时发现问题,及时采取纠偏措施。施工进度

的检查与监督,主要包括以下几项工作:

1)定期收集反映实际进度的有关数据

在施工进度计划的执行过程中,监理工程师可以通过以下 3 种方式收集进度数据,掌握进度计划的执行情况。

①定期、经常地收集由承包单位提交的有关进度的报表资料。

②长驻施工工地,现场跟踪检查工程项目的实际进展情况。

③定期召开现场会议。

监理工程师定期组织现场施工负责人召开现场会议,也是获得工程项目实际进展情况的一种方式。通过这种面对面的交谈,监理工程师可以从中了解到施工过程中的潜在问题,以便及时采取相应的措施加以预防。

2)对收集的数据进行整理、统计、分析

收集到有关的进度资料后,应进行必要的整理、统计,形成与计划进度具有可比性的数据资料。例如,根据本期实际完成的工程量确定累计完成的工程量等。根据本期完成的工程量百分率确定累计完成的工程量百分率。

3)对比实际进度与计划进度

对比实际进度与计划进度,当出现进度偏差时,分析该偏差对后续工作及总工期产生的影响,并作出是否要进行进度调整的判断。

实际进度与计划进度对比是将整理统计的实际进度数据与计划进度数据进行比较。如将实际完成的工程量与计划完成的工程量进行比较,从而得出实际进度比计划进度拖后、超前还是一致,当实际进度比计划进度拖后或超前时,需要分析该偏差对后续工作及总工期产生的影响。比较方法可采用网络图、线性图进行对比(详见 6.3.2 及 6.3.3 节)。

·6.3.2 网络计划图的检查与监督·

网络计划图是用网络图表示的进度计划,是由箭线和节点组成的用来表示工作流程的有向、有序的网络图,并在其上加注工作的时间参数而编成的。

在网络计划的执行过程中,应定期进行检查。检查周期的长短视管理的需要和进度计划工期的长短决定,一般可按周、旬、半月、1 月等为周期。对于特殊情况,可以不按检查周期进行应急检查。

网络计划图的检查与监督主要包括以下工作:

①按照一定的周期收集网络计划执行情况的资料,即收集关键施工过程和非关键施工过程的实际进度。

②用实际进度前锋线法或列表法记录网络计划的执行情况,比较实际进度与计划进度,分析网络计划执行的情况及实际进度对各项施工过程之间相互逻辑关系的影响,对今后的进度情况进行预测,对于偏离计划目标的情况进行分析,找出可以利用的时差。

(1)实际进度前锋线法

对于时标网络计划图,可采用实际进度前锋线法进行检查与监督。即把计划执行的实际情况用实际进度前锋线标注在时标网络计划图上。其主要方法是从检查时刻的时间坐标轴开始,自上而下依次连接与其相邻工作线路上正在进行的各工序的实际进度点,形成一条一般为折线的前锋线。不同检查周期的实际进度前锋线可以使用不同的颜色标注。

在标注各工序的实际进度点位置时,工作箭线不仅表示工作时间的长短,而且表示该工序工程量的多少。即整个箭线的长度表示该工作实物量的 100%,在检查时刻,若工作完成 ××%,则它的实际进度点就自左至右标示在该箭线长度的 ××% 处,当工作实际进度点位置与检查日时间坐标相同,则该工作实际进度与计划进度一致;当工作实际进度点位置在检查日时间坐标右侧,则该工作实际进度超前,超前天数为二者之差;当工作实际进度点位置在检查日时间坐标左侧,则该工作实际进展拖后,拖后天数为二者之差(例题详见本章案例分析1)。

(2)列表分析法

对于非时标网络计划图,可采用直接在图上用文字或适当符号记录、列表记录等分析方法,分析计划执行的实际情况,作出预测与判断。其主要方法是根据收集的资料,记录检查时应该进行的工作名称和已进行的天数,然后列表计算有关时间参数,根据原有总时差和尚有总时差与自由时差分析实际进度与计划进度的偏差并进行判断。工程进度检查比较表见表6.5。

表6.5 工程进度检查比较表

施工过程编号	施工过程名称	检查时尚需作业天数	按计划最迟完成时尚需天数	总时差/天		自由时差/天		情况分析
				原有	尚有	原有	尚有	

6.3.3 实际进度与计划进度的比较方法

施工进度比较与调整是施工阶段进度控制的主要工作,进度比较是进度计划调整的基础。常用的比较方法有网络图比较法(详见6.3.2节)与线性图比较法。常用的线性图比较法有横道图比较法、S形曲线比较法、香蕉形曲线比较法。

1)横道图比较法

横道图比较法在施工中比较常用,是一种可以形象和直观地描述工程实际进度的方法。监理工程师将工程施工的实际进度,按比例直接用横道线绘在用横道图编制的施工进度计划上,可以直观地比较计划进度与实际进度。在用横道图比较法进行进度比较时,横道线不仅表示工序作业时间的长短,而且表示工序工作量的多少,整个线条的长度表示工序工作量的 100%。工作量可用实物工程量、劳动消耗量或费用等表示。

横道图比较法的步骤如下:

①编制横道图施工进度计划。

②在施工进度计划上标出检查日期。

③将检查收集的实际进度数据按比例用不同线形的横道线标于计划进度线的下方。

④比较分析实际进度与计划进度。

a.当表示实际进度的横道线的右端与检查日期相重合时,表明实际进度与计划进度相一致;

b.当表示实际进度的横道线的右端在检查日期左侧时,表明实际进度拖后;

c.当表示实际进度的横道线的右端在检查日期右侧时,表明实际进度超前。

如图6.4所示为某管道安装工程施工进度横道图,其中粗实线表示计划进度,虚线表示工程施工实际进度。从图6.4中可知,工程已进行到第6周,此时,工序1已经完成,即完成工作量的100%;工序2实际完成工作量的2/5,即40%,而按计划应完成工作量的3/5,即60%,这表示工序2已拖后20%;工序3实际完成工作量的60%,按计划应完成60%,表示在检查日期工序3按时完成。通过这种简单而直观的对比,监理工程师可以掌握进度计划实施状况,从而进行有效的进度控制。

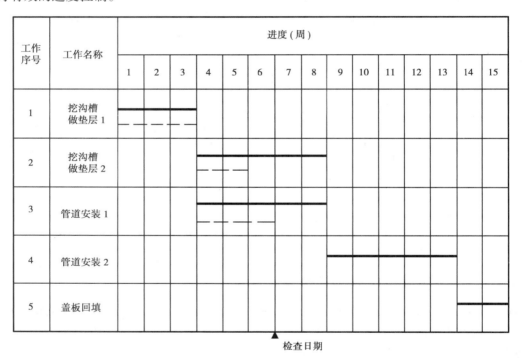

图6.4 某管道安装工程施工进度图

2)S形曲线比较法

S形曲线是按计划时间累计完成工作量的曲线。它的横坐标表示进度时间,纵坐标表示累计完成的工作量。在工程项目施工过程中,大多数工程项目,一般是施工开始时单位时间投入的资源量较少,完成的工作量也较少,随着时间的增加而逐渐增多,在某一时间达到高峰后又逐渐减少直至项目完成。因此,随时间进展累计完成的工作量形成一条形如"S"的曲线。

（1）S形曲线绘制方法

S形曲线可按累计完成工作量或累计完成工作量的百分率两种方法绘制,这里介绍后一种绘制方法。

①确定工程进展速度,即单位时间完成的工作量,如图6.5（a）所示。

②计算不同时间累计完成的工作量。

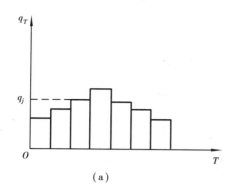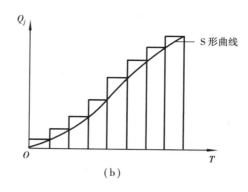

图6.5 实际工作时间与完成工作量关系曲线

$$Q_j = \sum_{j=1}^{j} q_j$$

$$Q = \sum_{j=1}^{T} q_j$$

式中 Q_j——j 时刻累计完成的工作量；

      Q——总工作量；

      q_j——单位时间完成的工作量；

      T——工程期限。

③计算不同时间累计完成的工作量百分率。

$$U_j = \frac{Q_j}{Q}$$

④根据 U_j 绘制 S 形曲线。按不同的时间 j 及其对应的累计完成工作量百分率绘制 S 形曲线,如图6.5(b)所示。

(2)S 形曲线比较方法

下面以一个简单的例子来说明 S 形曲线比较方法。

某土方工程土方总开挖量为 10 000 m³,要求 8 天完成,不同时间土方计划开挖量见表6.6。监理工程师在第5天进行检查,此时土方实际开挖量见表6.6,试绘制该土方工程的 S 形曲线。

表6.6 土方实际开挖量

	时间/d	1	2	3	4	5	6	7	8
计划	每日完成量/m³	500	1 000	1 500	2 000	2 000	1 500	1 000	500
	每日累计完成量/m³	500	1 500	3 000	5 000	7 000	8 500	9 500	10 000
	累计完成工作量百分率/%	5	15	30	50	70	85	95	100
实际	每日完成量/m³	800	900	1 300	1 500	1 500			
	每日累计完成量/m³	800	1 700	3 000	4 500	6 000			
	累计完成工作量百分率/%	8	17	30	45	60			

①绘制计划 S 形曲线,如图 6.6 所示。

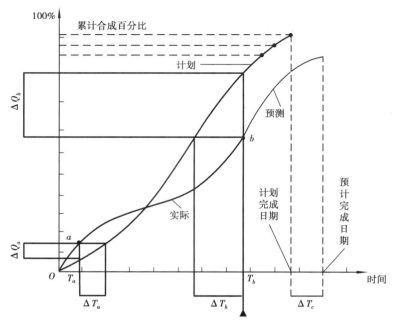

图 6.6　S 形曲线

②在计划 S 形曲线图上,根据检查收集的实际进度情况绘制实际进度 S 形曲线图。

③比较实际进度曲线与计划进度曲线。

a. 实际工程进展情况。当实际进展点落在计划 S 形曲线左侧,表示此时实际进度比计划进度超前,如图 6.6 中 a 点;若落在其右侧,则表示拖后,如图 6.6 中 b 点;若刚好落在其上,则表示二者一致。

b. 工程项目实际进度比计划进度超前或拖后的时间。如图 6.6 中 ΔT_a 表示 T_a 时刻进度超前的时间,ΔT_b 表示 T_b 时刻进度拖后的时间。

c. 工程量完成情况。如图 6.6 中 ΔQ_a 表示 T_a 时刻超额完成的工作量,ΔQ_b 表示 T_b 时刻拖欠的工作量。

d. 后期工程进度预测。如图 6.6 中虚线表示后期工程按原计划速度实施,则总工期拖延预测值为 ΔT_c。

3)香蕉形曲线比较法

香蕉形曲线是由两条具有统一开始时间和结束时间的 S 形曲线组成的形如香蕉的闭合曲线。其中一条是按各项工作的最早开始时间累计完成工作量的 S 形曲线,简称 ES 曲线;另一条是按各项工作的最迟开始时间累计完成工作量的 S 形曲线,简称 LS 曲线。

香蕉形曲线的绘制方法与 S 形曲线的绘制方法基本相同,不同之处在于香蕉形曲线是以各项工作的最早开始时间和最迟开始时间为横坐标分别绘制的两条 S 形曲线的组合。

在项目的施工过程中进度控制的理想状况是任一时刻按实际进度描出的点,均落在该香蕉形曲线的区域内,如图 6.7 中的实际进度线。

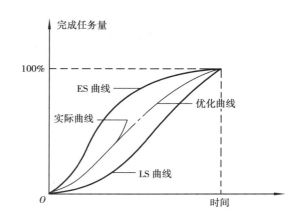

图 6.7 香蕉形曲线比较图

（1）香蕉形曲线的绘制步骤

①计算网络计划的时间参数 ES_i，LS_i。

②确定各项工作在不同时间的工作量。

a. 确定按最早开始时间开工,各项工作的工作量用 q_{ij}^{ES} 表示,即第 i 项工作按最早开始时间开工,第 j 时间完成的工作量；

b. 确定按最迟开始时间开工,各项工作的工作量用 q_{ij}^{LS} 表示,即第 i 项工作按最早开始时间开工,第 j 时间完成的工作量。

③计算到 j 时刻末累计完成的工作量及工程项目的总工作量。

a. 计算按最早开始时间开工,到 j 时刻末完成的总工作量 Q_j^{ES}：

$$Q_j^{ES} = \sum_{i=1}^{n} \sum_{j=1}^{j} q_{ij}^{ES}$$

b. 计算按最迟开始时间开工,到 j 时刻末完成的总工作量 Q_j^{LS}：

$$Q_j^{LS} = \sum_{i=1}^{n} \sum_{j=1}^{j} q_{ij}^{LS}$$

c. 工程项目的总工作量：

$$Q = \sum_{i=1}^{n} \sum_{j=1}^{m} q_{ij}^{ES}$$

或

$$Q = \sum_{i=1}^{n} \sum_{j=1}^{m} q_{ij}^{LS}$$

④计算到 j 时刻完成项目总任务的百分率。

a. 按最早开始时间开工,j 时刻完成项目总任务的百分率：

$$\mu_j^{ES} = \left(\frac{Q_j^{ES}}{Q} \right) \times 100\%$$

b. 按最早开始时间开工,j 时刻完成项目总任务的百分率：

$$\mu_j^{LS} = \left(\frac{Q_j^{LS}}{Q} \right) \times 100\%$$

⑤绘制香蕉形曲线。按 $\mu_j^{ES}(j = 0,1,\cdots,m)$ 描出各点,并连接各点得到 ES 曲线；按 $\mu_j^{LS}(j = 0,1,\cdots,m)$ 描出各点,并连接各点得到 LS 曲线。ES 曲线和 LS 曲线组成闭合的香蕉形曲线。

下面举例说明香蕉形曲线的具体绘制方法。

【例 6.1】 已知某工程项目网络计划如图 6.8 所示,各工作完成工作量以人工工日消耗数量表示,见表 6.7,对该计划进行跟踪检查,在第 6 天末检查得到劳动工日消耗见表 6.8,试绘制该工程的香蕉形曲线及实际进度曲线。

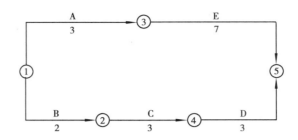

图6.8　某工程项目网络计划

表6.7　人工工日消耗数量表

q_{ij}/工日 $\diagdown$ j/d $\diagdown$ i	q_{ij}^{ES}										q_{ij}^{LS}									
	1	2	3	4	5	6	7	8	9	10	1	2	3	4	5	6	7	8	9	10
1(A)	3	3	3								3	3	3							
2(B)	2	3											2	3						
3(C)			3	3	3									3	3	3				
4(D)					2	2	2											2	2	2
5(E)			3	3	3	3	3	3	3				3	3	3	3	3	3	3	

表6.8　检查期实际人工工日消耗

时间/d	1	2	3	4	5	6
人工工日消耗	8	4	4	2	4	5
累计人工工日消耗	8	12	16	18	22	27
累计人工工日消耗百分率/%	16	24	32	36	44	54

【解】　$n=5,m=10$

①计算网络计划参数,见表6.9。

表6.9　网络计划参数

i	工作编号	工作名称	D_i/d	ES_i	LS_i
1	1—2	A	3	0	0
2	1—3	B	2	0	2
3	3—4	C	3	2	4
4	4—5	D	3	5	7
5	2—5	E	7	3	3

②确定按计划进度各工作在不同时间的人工工日消耗,见表6.6。

③根据各工作在不同时间的人工工日消耗,计算j时刻末的总人工消耗,例如第4天的人工工日消耗为:

$$Q_4^{ES} = q_{11}^{ES} + q_{12}^{ES} + q_{13}^{ES} + q_{21}^{ES} + q_{22}^{ES} + q_{33}^{ES} + q_{34}^{ES} + q_{54}^{ES}$$
$$= 3 + 3 + 3 + 2 + 3 + 3 + 3 + 3 = 23$$
$$Q_4^{LS} = q_{11}^{LS} + q_{12}^{LS} + q_{13}^{LS} + q_{23}^{LS} + q_{24}^{LS} + q_{54}^{LS}$$
$$= 3 + 3 + 3 + 2 + 3 + 3 = 17$$

其余计算结果见表6.9。

④计算工程项目总人工工日消耗Q^{LS}:

$$Q^{LS} = Q^{ES} = \sum\sum q_{ij} = 50$$

⑤计算j时刻末人工消耗百分率:

$$\mu_4^{ES} = \frac{Q_4^{ES}}{Q^{ES}} \times 100\% = \frac{23}{50} \times 100\% = 46\%$$

$$\mu_4^{LS} = \frac{Q_4^{LS}}{Q^{LS}} \times 100\% = \frac{17}{50} \times 100\% = 34\%$$

其余计算结果见表6.10。

表6.10　j时刻完成的总工作量及其百分率

q_{ij} / i \ j/d	q_{ij}^{ES}										q_{ij}^{LS}									
	1	2	3	4	5	6	7	8	9	10	1	2	3	4	5	6	7	8	9	10
1(A)	3	3	3								3	3	3							
2(B)	2	3										2	3							
3(C)			3	3	3									3	3	3				
4(D)					2	2	2											2	2	2
5(E)				3	3	3	3	3	3	3					3	3	3	3	3	3
Q_j^{ES}	5	11	17	23	29	34	39	44	47	50										
Q_j^{LS}											3	6	11	17	23	29	35	40	45	50
μ_j^{ES}	10	22	34	46	58	68	78	88	94	100										
μ_j^{LS}											6	12	22	34	46	58	70	80	90	100

⑥绘制香蕉形曲线,如图6.9所示。

⑦按上述方法绘制实际进度曲线,如图6.9所示的a—b—c—d折线。

(2)香蕉形曲线比较法

在项目施工过程中,按同样的方法,将每次检查的各项工作实际完成的工作量,带入各相应公式,计算出不同时间实际完成工作量的百分率,并在绘制有香蕉曲线的图上绘出实际进度曲线,就可进行实际进度与计划进度的比较。如果任一时刻根据实际进度描出的点落在香蕉曲线范围内,说明实际进度符合计划要求,如图6.9所示b点,c点;如果根据实际进度描出的点在香蕉曲线中 ES 曲线的左侧,则说明实际进度比计划超前,如图 6.9 中 a 点;如果根据实际进度描出的点在香蕉形曲线中 LS 曲线的右侧,则说明实际进度比计划进度拖后,如图 6.9 中的 e 点。

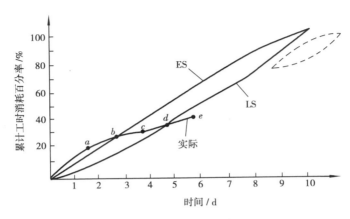

图 6.9　某工程香蕉形曲线比较图

利用香蕉形曲线除可进行计划进度与实际进度的比较外,还可以对后期工程进行预测,即在原有的状况下,可以测算 ES 曲线与 LS 曲线的发展趋势,如图 6.9 中的虚线即是后期工程按原计划的最早和最迟时间开始的进度趋势预测。

6.4　施工进度计划实施过程中的调整方法

在工程项目施工过程中,可以通过对实际进度与计划进度的比较,了解工程进展的实际情况,一旦出现进度偏差,必须认真找出产生偏差的原因,分析偏差对后续施工活动的影响,并采取必要的、可行的调整措施,确保进度目标的实现。

·6.4.1　调整进度计划应考虑的因素·

通过分析产生进度偏差的原因以及由此带来的影响以后,提出纠正进度偏差的措施,并制订相应的调整方案,经审查后继续执行。然而,提出纠偏措施并不是一件容易的事情,必须进行全面而系统的分析,既要考虑现实施工条件,还要考虑进度调整后可能会带来的潜在问题,一般应考虑以下因素:

①对物资供应的影响。在对进度调整时,进度控制人员必须注意这种调整给物资供应带来的影响,重点分析如果采用调整后的方案,那么物资供应能否得到保证。

②劳动力供应情况。加快施工进度往往需要增加更多的劳动力,因此必须考虑劳动力供应是否充足。

③对资金分配的影响。进度计划调整后,必然使资金分配发生变化,因此必须分析按调整后的施工进度计划实施时,在资金上能否得到保证。

④外界自然条件的影响。建筑施工的特点之一是露天作业多,受气候条件影响大,若在不宜季节施工,完成的工作量会受到限制,工程进度不能按计划执行。因此,在对施工进度计划

调整时,也要考虑这一因素,尽量避开不利的气候条件,以保证施工顺利进行。

⑤施工顺序的逻辑关系。在对施工进度计划调整时,必须满足施工工艺和生产工艺的要求,遵循配套建设的原则并且符合施工程序,以保证项目总体目标的实现。

⑥后续施工活动及总工期允许拖延的期限。

· 6.4.2 进度计划实施中的调整方法 ·

1)分析偏差对后续工作及总工期的影响

当出现进度偏差时,需要分析该偏差对后续工作及总工期产生的影响。偏差的大小及其所处的位置,对后续工作和总工期的影响程度是不同的。分析的方法主要是利用网络计划中总时差和自由时差的概念进行判断。由时差概念可知:当偏差小于该工作的自由时差时,对工作计划无影响;当偏差大于自由时差,而小于总时差时,对后续工作的最早开工时间有影响,对总工期无影响;当偏差大于总时差时,对后续工作和总工期都有影响。具体分析步骤如下:

(1)分析出现进度偏差的工作是否为关键工作

根据工作所在线路的性质或时间参数的特点,判断其是否为关键工作。若出现偏差的工作为关键工作,则无论偏差大小,都对后续工作及总工期产生影响,必须采取相应的调整措施;若出现偏差的工作不是关键工作,需要根据偏差值与总时差和自由时差的大小关系,确定对后续工作和总工期的影响程度。

(2)分析进度偏差是否大于总时差

若工作的进度偏差大于该工作的总时差,说明此偏差必将影响后续工作和总工期,必须采取相应的调整措施;若工作的进度偏差小于或等于该工作的总时差,说明此偏差对总工期无影响,但它对后续工作的影响程度,需要根据此偏差与自由时差的比较情况来确定。

(3)分析进度偏差是否大于自由时差

若工作的进度偏差大于该工作的自由时差,说明此偏差对后续工作产生影响,应根据后续工作允许影响的程度而确定如何调整;若工作的进度偏差小于或等于该工作的自由时差,则说明此偏差对后续工作无影响。因此,原进度计划可以不作调整。

经过如此分析,进度控制人员可以确定应该调整产生进度偏差的工作和调整偏差的大小,以便确定采取调整措施,获得符合实际进度情况和计划目标的新进度计划。

2)进度计划的调整方法

(1)改变某些工作间的逻辑关系

这种方法是不改变工作的持续时间,通过改变关键线路和超过计划工期的非关键线路上有关工作之间的先后顺序或搭接关系,从而使施工进度加快,以保证实现计划工期的方法。

①对于大型群体工程项目,单项工程间的相互制约相对较小,可调幅度较大,采用此种方式较容易实现。

②对于单项工程内部各分部、分项工程之间,由于施工顺序和逻辑关系约束较大,可调幅度较小,可以把依次进行的有关工作改变为平行的或互相搭接的工作及分成几个施工段进行流水施工,以达到缩短工期的目的。图6.10(a)、(b)所示为某装饰工程施工进度计划调整前后的方案,通过调整,工期可缩短28 d。

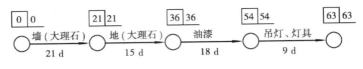

（a）原进度计划

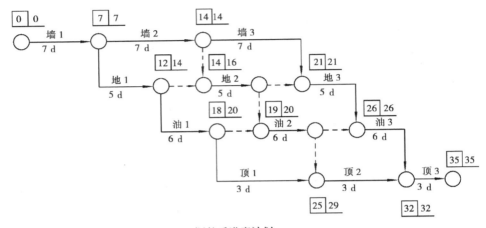

（b）调整后进度计划

图6.10 某装饰工程施工进度计划调整方案

（2）缩短某些工作的持续时间

这种方法是不改变工作之间的逻辑关系，只是缩短某些工作的持续时间，从而使施工进度加快，以保证实现计划工期的方法。这种方法通常可在网络图上直接进行。其调整方法视限制条件及对后续工作影响程度的不同而有所区别，一般可分为以下3种情况：

①网络计划中某项工作进度拖延的时间在该项工作的总时差范围内，自由时差以外。若用 Δ 表示此项工作拖延的时间，则有：$FF < \Delta \leqslant TF$。这一拖延并不会对总工期产生影响，而只对后续工作产生影响。因此，在进行调整前，需确定后续工作允许拖延的时间限制，并以此作为进度调整的限制条件。分下面3种情况讨论：

a. 后续工作允许拖延，此时不需调整。

b. 后续工作允许拖延，但拖延时间有限制，此时需调整。

c. 后续工作不允许拖延，此时需调整。

②网络计划中某项工作进度拖延的时间在该项工作的总时差以外。则有：$\Delta > TF$。该工作不管是否为关键工作，这种拖延都对后续工作和总工期产生影响，其进度计划的调整方法又可分为以下3种情况：

a. 项目总工期不允许拖延，也就是项目必须按期完成。调整的方法只能采取缩短关键线路上后续工作的持续时间以保证总工期目标的实现。

b. 项目总工期允许拖延。此时只需要以实际数据取代原始数据，并重新计算网络计划有关参数。

c. 项目总工期允许拖延的时间有限。在某些情况下，总工期虽然允许拖延，但拖延的时间受到一定限制。如果实际拖延的时间超过了此限制，也需要对网络计划进行调整，以满足要求。具体的调整方法是,以总工期的限制时间作为规定工期,并对未实施的网络计划进行工期优化,即通过压缩网络计划中某些工作的持续时间,使总工期满足规定工期的要求。

③网络计划中某项工作进度超前。计划阶段所确定的工期目标,往往是综合考虑各方面因素而优选的合理工期,因此,时间的任何变化,无论是拖延还是超前,都可能造成其他目标的失控。例如,在一个项目施工总进度计划中,由于某项工作的超前,致使资源的使用发生变化,打乱了原始计划对资源的合理安排,特别是当采用多个平行分包单位进行施工时,由此引起后续工作时间安排的变化而给监理工程师的协调工作带来许多麻烦。因此,实际中若出现进度超前的情况,进度控制人员必须综合分析进度超前对后续工作产生的影响,并与有关承包单位共同协商,提出合理的进度调整方案。

案例分析

【案例1】

某工程施工网络计划如图6.11所示,该计划已经被监理工程师审核批准。

【问题】

1. 当计划执行到第 5 d 结束时检查,结果发现工作 E 已完成 1 d 的工作量,工作 D 已完成 2 d 的工作量,工作 C 还未开始,设各项工作为匀速进展,试绘制时标网络计划及实际进度前锋线,并判断实际进度状况对后续工作及总工期的影响。

2. 如果在开工前监理工程师发出工程变更指令,要求增加一项工作 K(持续时间为 1 d),该工作必须在工作 D 之后和工作 G,H 之前进行。试对原网络计划进行调整,画出调整后的双代号网络计划,并判别是否发生工程延期事件。

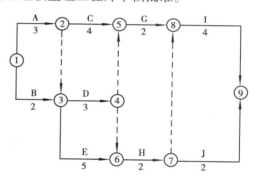

图6.11 施工网络进度计划

【答题要点】

1. 时标网络计划如图 6.12 所示,实际进度前锋线如图中折线所示。

①C 工作拖后 2 d。由于 C 工作为关键工作,所以 C 拖后 2 d 将可能使总工期延长 2 d,其后续工作 E,F,G,H,I 将因其而顺延 2 d。

②A 工作拖后 1 d。由于 A 工作为非关键工作,且有 8 d 的自由时差,故其拖后 1 d 不影响总工期,也不影响其后续工作。

③B 工作拖后 2 d 和 D 工作拖后 1 d。由于 B,D 为非关键工作,有 2 d 的总时差,故 B 工作拖后 2 d 和 D 工作拖后 1 d 将使总工期延长 1 d。

综上分析,实际进度为总工期延长 2 d,相应的后续工作顺延 2 d。

2. 调整后的双代号网络计划如图 6.13 所示。

分析:调整后的关键线路未发生变化,工期未变。

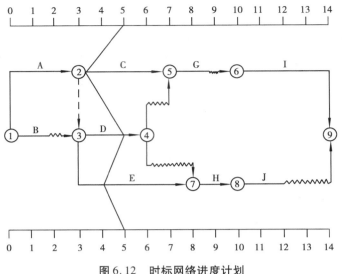

图 6.12　时标网络进度计划

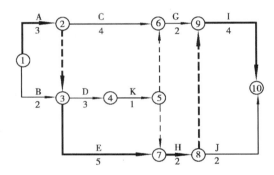

图 6.13　调整后的双代号网络计划

【案例 2】

某施工网络计划如图 6.14 所示：

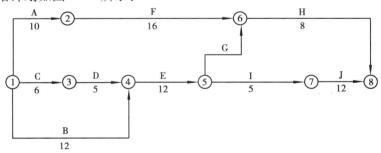

图 6.14　施工网络计划

【问题】

1. 该网络计划的计算工期为多少天？哪些工作为关键工作？

2. 如果由于工作 D，A，I 共用一台施工机械而必须顺序施工时，该网络计划应如何调整？调整后网络计划中的关键工作有哪些？

3. 按调整后的网络计划施工时，如果由于业主原因使工作 B 拖延 5 d，承包单位提出要求延长 5 d 工期,监理工程师应批准工程延期多少天？为什么？

【答题要点】

1. 计算工期为 44 d,B,E,G,H 为关键工作,如图 6.15 所示。

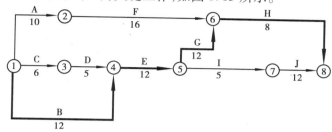

图 6.15

2. 由于工作 D,A,I 共用一台施工机械而必须顺序施工时,该网络计划应调整为如图 6.16 所示,调整后网络计划中的关键工作有 C,D,A,F,H。

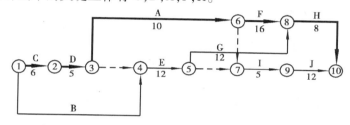

图 6.16

3. 按调整后的网络计划施工,工作 B 为非关键工作,工作 B 的总时差为 1 d,如果是业主原因使工作 B 拖延 5 d,将会使总工期拖延 5 d－1 d＝4 d,因此,监理工程师应批准工程延期 4 d。

复习思考题 6

6.1 何谓进度控制？进度控制的原理是什么？

6.2 影响进度的因素有哪些？

6.3 如何确定施工进度目标？

6.4 监理工程师进行施工进度控制的责任与权限有哪些？

6.5 施工阶段进度控制的工作内容是什么？

6.6 施工进度的检查与监督有哪些工作？

6.7 实际进度与计划进度的比较方法有哪些？它们分别是如何进行比较的？

6.8 施工阶段如何调整进度计划？

7 建设监理组织协调

7.1 组织协调概述

· 7.1.1 组织协调的含义 ·

工程项目建设是一项复杂的系统工程,在系统中活跃着建设单位、承包单位(含分包单位、材料设备供应单位)、设计单位、监理单位、政府建设主管部门以及与工程有关的其他单位等要素。这些要素有各自的特性、组织机构、活动方式及活动目标,并且这些要素之间互相联系、互相制约。为使这些要素能够有秩序地形成有特定功能(完成工程项目建设)和共同活动目标(按工期、保质量,尽可能降低工程造价)的统一体,需要一个强有力的力量进行组织和协调,这个力量就是监理单位的组织协调工作。

"组织"的含义是"安排分散的人或事物,使具有一定的系统性或完整性"。"协调"的含义是"配合得适当"。组织协调就是通过外力使整个系统中分散的各个要素具有一定的系统性、整体性,并且使之配合适当。换句话说就是力求把系统中原来分散的各要素的力量组合起来,协同一致、齐心协力,实现共同的预定目标。监理的组织协调是指为了实现项目目标,监理组织内部人与人之间、机构与机构之间以及监理组织与外部环境组织之间的沟通、调和、联合和联结工作,以达到在实现项目总目标中,相互理解信任、步调一致、运行一体化地工作。

· 7.1.2 组织协调的作用 ·

(1)协调可以纠偏和预控错位

在工程施工中,经常出现作业行为偏离合同和规范的标准,工期超前和滞后,后续工作脱节,材料代用给下阶段施工带来影响与变更,以及水文、地质突然变化或人为因素对工期和质量带来影响等,这些都会造成计划与实际的偏差。监理协调的重要作用之一就是及时纠偏,或采取预控措施事前调整错位。

(2)协调是控制进度的关键

在建设工程施工中,许多单位工程是由不同的专业化施工队伍来完成的,这就存在着不同专业施工队伍间的相互衔接和相互协调问题。如果某一专业施工队伍出现工期延误,就会直接影响建设总工期,这就需要监理工程师进行组织与协调,以控制工程进度。

(3)协调是平衡的手段

在工程施工中,一些大中型的建设项目,往往由许多施工队伍进行施工,加上设计单位、土建单位、安装单位、设备材料供应单位等,既有纵向的串接又有横向的联合,各自又有不同的作业计划、质量目标,这就存在着上述单位之间的协调问题。监理工程师应当从工程内部分析,既要进行各子系统之间的平衡协调,又要进行队伍之间、上下之间和内外之间的协调。要发挥监理工程师的核心作用,突出协调功能。

工程监理实践证明,一个工程建设项目的顺利完成,是多方配合、相互协作的共同成果。参与建设管理的有关部门,包括建设单位、设计单位、承包单位、设备供应单位、材料生产单位、地方政府有关部门、交通运输部门、水电供应单位等,需要多方配合和合作,这就必然要求监理工程师具有良好的人际关系和较强的组织协调能力。

7.2 组织协调的工作内容

从系统的角度看,监理工作需要协调的范围分为监理机构内部的协调、与建设工程有合同关系的近外层协调和与建设工程无合同关系的远外层协调。

· 7.2.1 项目监理机构内部的协调 ·

1)项目监理机构内部人际关系的协调

总监理工程师是组织协调工作的主要负责人。总监理工程师应该发扬民主作风,实事求是地评价监理人员的工作,并注意从心理学、行为科学的角度激励各个成员的工作积极性,按监理规划布置任务和进行指导,使监理组每个成员都能热爱自己的工作,并对工作充满信心和希望。

(1)在人员安排上要量才录用

对项目监理机构各种人员,要根据每个人的专长进行安排,做到人尽其才。人员的搭配应注意能力互补和性格互补,人员配置应尽可能少而精,防止力不胜任和忙闲不均现象。

(2)在工作分工上要职责分明

制订明确的目标和岗位职责,使管理职能不重不漏,做到事事有人管、人人有专责,同时明确岗位职权。

(3)在工作总结上要实事求是

以正面教育为主,要肯定成绩,表扬先进,以利再战,提高项目监理机构人员的信心,同时要指出存在的主要问题,以便今后改正错误,做好工作。

(4)在矛盾调节上要恰到好处

人员之间的矛盾总是存在的,一旦出现矛盾就应进行调解,要多听取项目监理机构成员的意见和建议,及时沟通,使人员始终处于团结、和谐、热情高涨的工作气氛中。要采用公开的信息政策,让大家了解项目实施情况、遇到的问题或危机,经常性地指导工作,和成员一起商讨遇到的问题,多倾听他们的意见、建议,鼓励大家同舟共济。

2)项目监理机构内部组织关系的协调

项目监理机构每个专业组都要服从整体目标,履行自己的职责,使监理工作处于良性循环状态。项目监理机构内部组织关系的协调可从以下 5 个方面进行:

①在职能划分的基础上设置组织机构,根据工程对象及委托监理合同所规定的工作内容,确定职能划分,并相应地设置配套的组织机构。

②明确规定每个部门的目标、职责和权限,最好以规章制度的形式作出明文规定。

③事先约定每个部门在工作中的相互关系。在工程建设中许多工作是由多个部门共同完成的,其中有主办、牵头和协作、配合之分,事先约定,才不至于出现差错、脱节等贻误工作的现象。

④建立信息沟通制度,如采用工地例会、业务碰头会,发会议纪要、工作流程图或信息传递卡,编制监理工程师手册等方式来沟通信息,这样可使局部了解全局,服从并适应全局需要。在具体工作上,有针对性地分解每位监理工作人员的责权利,避免较多的干扰,保证工作的规范化进行。

⑤及时消除工作中的矛盾。总监理工程师应发扬民主,广泛听取大家的意见,集思广益,注意从心理学、行为科学的角度激励大家的工作积极性,鼓励大家同舟共济。

3)项目监理机构内部需求关系的协调

建设工程监理实施中有人员需求、试验设备需求、材料需求等,而资源是有限的,因此,内部需求平衡至关重要。需求关系的协调可从以下两个方面进行:

①监理资源配置应满足监理工作的需要。

②人员安排。监理人员的安排应考虑工程进展情况、技术复杂程度,做到专业配套,老中青结合,以保证工程监理目标的实现。

· 7.2.2   与建设单位的协调 ·

与建设单位的协调可从以下3个方面进行:

①监理工程师要了解建设单位的意图,经常征求建设单位的意见,统一思想,步调一致,使监理工作得到建设单位支持,全面完成监理工程的总目标。

②用监理人员的技术优势、专业优势,帮助建设单位解决工程建设中的重大问题,使工程建设的工期、质量、投资、安全达到合同要求。增强建设单位对监理的信任。

③尊重建设单位,支持建设单位的工作,尽量满足建设单位的合理要求。对建设单位提出的某些不合理要求或看法,只要不是原则性问题,应该先执行,然后在适当时机,采取不同的方式解释和说明;对原则性问题,说明原因,心平气和,避免矛盾激化,产生误解。

· 7.2.3   与承包商的协调 ·

监理工程师的工作是通过承包商来实现的,所以做好与承包商的协调是监理工作的主要内容。

①坚持原则,严格按程序办事。建设单位对监理单位的要求越来越高,完成任务的难度也越来越大。监理工程师一是按工程项目的总目标,严格监理,按程序办事,加强沟通,让承包商和监理能想在一起,团结一致,才能保证工程质量、投资、工期、安全等都达到合同目标。

②加强学习,努力提高专业知识。作为一个好的监理工程师,首先应该是一个好的专业工程师,要在本专业上有独到之处,把与本工程有关的规范、规程、标准熟悉掌握,把设计图纸了解清楚,对施工工艺、难点、重点做到心中有数,不断学习新技术、新产品、新材料、新结构知识,这样就能在检查、巡视中发现问题、提出问题和意见,使承包商心悦诚服。

③认真负责,帮助承包商解决实际问题。在工程实施过程中会遇到各种各样的矛盾和问题,监理工程师要与承包商一起共同商量,集思广益,帮助承包商选择最佳方案,解决实际问题,使工程建设顺利进行。

④讲究方法,达到最佳效果。在协调工作中要注意工作方法,善于引导,启发承包商做好工作,注意说话的场合、方法及分寸,让对方能接受;对于意见不统一、分歧大的问题,也不要急于求成,不能激化矛盾。

·7.2.4　与设计单位的协调·

监理单位必须加强与设计单位的协调,以加快工程进度,确保质量,降低消耗。

①尊重设计单位的意见,例如,组织设计单位向承包商介绍工程概况、设计意图、技术要求、施工难点等,把标准过高、设计遗漏、图纸差错等问题解决在施工之前;施工阶段严格按图施工;结构工程验收、专业工程验收、竣工验收等工作,邀请设计代表参加;若发生质量事故,认真听取设计单位的处理意见等。

②施工中发现设计问题,应及时向设计单位提出,以免造成大的质量损失。若监理单位掌握比原设计更先进的新技术、新工艺、新材料、新结构、新设备时,可主动向设计单位推荐。为使设计单位有修改设计的余地而不影响施工进度,可与设计单位达成协议,限定一个期限,争取设计单位、承包商的理解和配合。

③注意信息传递的及时性和程序性。监理工程师联系单、设计单位申报表或设计变更通知单传递,要按设计单位(经建设单位同意)→监理单位→承包商之间的程序进行。

需要注意的是:在施工阶段监理期间,监理单位与设计单位都是受建设单位委托进行工作,两者之间并没有合同关系,所以监理单位主要是和设计单位作好交流工作。协调要靠建设单位的支持。设计单位应就其设计质量对业主负责,因此《建筑法》指出:工程监理人员发现工程设计不符合建筑工程质量标准或合同约定的质量要求的,应当报告建设单位要求设计单位改正。

·7.2.5　与政府部门的协调·

一个建设工程的开展离不开政府部门及其他单位,如政府部门、金融组织、社会团体、新闻媒介等,它们对建设工程起着一定的控制、监督、支持、帮助作用,这些关系若处理不好,可能会严重影响建设工程的实施。

1)协调与政府部门的关系

①工程质量、安全生产监督站是由政府授权的工程质量、安全生产监督的实施机构。工程质量、安全生产监督站主要是核查勘察设计、承包单位的资质和工程质量、安全生产检查。监理单位在处理工程质量控制和安全生产管理问题时,要作好与工程质量、安全生产监督站的交流与协调。

②重大质量事故或安全生产事故,在承包商采取急救、补救措施的同时,应督促承包商立即向政府有关部门报告情况,接受检查和处理。

③建设工程合同应送公证机关公证,并报政府建设管理部门备案;现场消防设施的配置,宜请消防部门检查认可;要督促承包商在施工中注意防止环境污染,坚持做到文明施工。

2）协调与社会团体的关系

一些大中型建设工程建成后,不仅会给建设单位带来效益,还会给该地区的经济发展带来好处,同时给当地人民生活带来方便,因此必然会引起社会各界关注。建设单位和监理单位应把握机会,争取社会各界对建设工程的关心和支持。

监理单位有组织协调的主持权,但重要协调事项应当事先向建设单位报告。根据目前的工程监理实践,对外部环境的协调应由建设单位负责主持,监理单位主要是针对一些技术性工作协调。

7.3　组织协调的方法

· 7.3.1　会议协调法 ·

会议协调法是建设工程监理中常用的一种协调方法,实际中采用的会议协调法包括第1次工地会议、监理例会、专题会议等。

1）第1次工地会议

第1次工地会议是工程项目开工前,履约各方相互认识、确定联络方式的会议,也是检查开工前各项准备工作是否就绪和监理交底的会议。第1次工地会议应在项目总监理工程师下达开工令之前举行,会议由建设单位主持,建设单位主管领导、现场有关人员参加,工程项目监理机构全体人员参加,总承包单位的授权代表和工程项目有关的管理人员参加,也可邀请分包单位参加,必要时邀请有关设计单位人员参加。第1次工地会议纪要应由项目监理机构负责起草,并经与会各方代表会签。

2）监理例会

①监理例会是由总监理工程师组织与主持,按一定程序召开的,研究施工中出现的计划、进度、质量、安全及工程款支付等问题的工地会议。监理工程师将会议讨论的问题和决定记录下来,形成会议纪要,供与会者确认和落实。

②监理例会应当定期召开,可按每周、每旬或每月召开1次。

③参加人包括建设单位项目负责人、专业负责人、项目总监理工程师、总监理工程师代表及有关监理人员,承包单位项目经理、技术负责人及有关人员,需要时也可邀请其他有关单位代表参加。

④会议主要议题:

a. 检查上次会议纪要中需要解决问题的落实情况,工程进展情况;

b. 安排下月(或下周)的进度计划,承包单位投入的人力、设备等情况;

c. 工程质量与安全生产情况,加工订货、材料等的供应情况;

d. 有关技术问题,索赔与工程款支付;

e. 建设单位向承包单位提出的违约罚款要求;

f. 其他有关事宜。

⑤监理例会主要是研究解决重大、普遍性问题,专业、一般性问题应在平时与专业监理工

程师研究解决。

⑥会议纪要。会议纪要由项目监理机构负责整理,经各方认可,然后分发给有关单位。

● 会议纪要的主要内容

a. 会议时间及地点;

b. 会议主持人;

c. 出席者姓名、单位、职务;

d. 会议讨论的主要内容及决议事项;

e. 各项工作落实的负责单位、负责人、职务和时限要求;

f. 其他需要记载的事项。

● 会议纪要的审签和发放

a. 监理例会的会议纪要经总监理工程师审核确认;

b. 会议纪要分发给有关各单位并办理签收手续;

c. 与会各单位如对会议纪要内容有异议时,应在签收后 3 日内以书面文件反馈到项目监理机构,并由总监理工程师负责处理;

d. 监理例会的发言记录、会议纪要文件及反馈的文件均应作为监理资料存档。

● 会议纪要编写要点及注意事项

a. 上次例会决议事项的执行落实情况;

b. 本次会议的议决事项,落实执行单位及时限要求;

c. 纪要的文字要简洁,内容要写清楚,用词要准确;

d. 参加工程项目建设的各方的名称应统一。

监理会议纪要是工程项目监理工作的重要文件,对参加工程项目建设的各方都有约束力,并且在发生争议或索赔时是重要的法律文件,项目监理机构应予以足够重视。

3) 专题会议

除定期召开工地监理例会以外,还应根据需要组织召开一些专题协调会议。例如,加工订货会、业主直接指定分包的工程承包单位与总包单位之间的协调会、专业性效强的分包单位进场协调会等,专题会议由总监理工程师或专业监理工程师主持。

· 7.3.2 交谈协调法 ·

在实践中,并不是所有问题都需要开会来解决,有时可采用"交谈"这一方式。交谈包括面对面交谈和电话交谈两种形式。

无论是内部协调还是外部协调,这种方法使用频率都是相当高的,其原因在于:

①是一条保持信息畅通的最好渠道。由于交谈本身没有合同效力,而有其方便性、及时性,所以建设工程各参与方之间及监理机构内部都愿意采用这一方法。

②是寻求协作和帮助的最好方法。在寻求别人帮助和协作时,往往要及时了解对方的反应和意见,以便采取相应的对策。另外,相对于书面寻求协作,人们更难于拒绝面对面的请求。因此,采用交谈方式请求协作和帮助比采用书面方法实现的可能性要大。

③是正确及时地发布工程指令的有效方法。在实践中,监理工程师一般都采用交谈方式先发布口头指令,这样,一方面可以使对方及时地执行指令,另一方面可以和对方进行交流,了解对方是否正确理解了指令,随后再以书面形式加以确认。

· 7.3.3　书面协调法 ·

当会议或者交谈不方便或不需要时，或者需要精确地表达自己的意见时，就会用书面协调的方法。书面协调方法的特点是具有合同效力，一般常用于以下几个方面：

①报告、报表、指令、通知、联系单等。

②提供详细信息和情况通报、信函和备忘录等。

③事后对会议记录、交谈内容或口头指令的书面确认。

· 7.3.4　访问协调法 ·

访问法主要用于外部协调中，有走访和邀访两种形式。走访是指监理工程师在建设工程施工前或施工过程中，对工程施工有关的各政府部门、公共事业机构、新闻媒介或工程毗邻单位等进行访问，向他们解释工程的情况，征求他们的意见。邀访是指监理工程师邀请上述各单位（包括建设单位）代表到施工现场对工程进行指导性巡视，了解现场工作。因为在多数情况下，这些单位并不了解工程，不清楚现场的实际情况，如果进行一些不恰当的干预，会对工程产生不利影响。这时，采用访问法可能是一个相当有效的协调方法。

· 7.3.5　情况介绍法 ·

情况介绍法通常是与其他协调方法紧密结合在一起的，它可能是在一次会议前，或是一次交谈前，或是一次走访或邀访前向对方进行情况介绍。形式上主要是口头的，有时也伴有书面的。介绍往往作为其他协调的引导，目的是使别人首先了解情况。因此，监理工程师应重视任何场合下的每一次介绍，要使别人能够理解你介绍的内容、问题和困难以及想得到的协助等。

总之，组织协调是一种管理艺术和技巧，监理工程师尤其是总监理工程师需要掌握领导科学、心理学、行为科学方面的知识和技能，如激励、交际、表扬和批评的艺术，开会的艺术，谈话的艺术，谈判的技巧等。只有这样，监理工程师才能进行有效的协调。

· 7.3.6　组织协调中应注意的问题 ·

1）必须坚持公平、公正、协调的原则

公平、公正是指协调过程中要坚持中立，中立能增加协调工作的成功率。这就要求监理人员必须严格遵守监理职业道德，制约自身不违规；在行为举止上要保持中立和公正，与业主、承包商、勘察设计等单位的相关管理人员之间，既要形成良好的工作关系，又要保持一定的距离。

2）知情是做好协调的基础

总监理工程师和监理人员对重大工程建设活动情况，进行严格监督和科学控制，对出现的问题，要分析原因，对症下药，恰当地协调好各方关系。

3）正确的工作方法，是搞好协调的重要手段

组织协调的方法很多，如协调、对话、谈判、发文、督促、监督、召开会议、发布指示、修改计划、进行咨询、提出建议、交流信息等。协调要注意原则性、灵活性、针对性和群众性。

①原则性：是指监理人员的清正廉洁、作风正派、办事公平、公正、讲求科学、坚持原则、严格监理；坚持按照国家有关的法律、法规、规范、标准，严格检查、验收，对于各方的违规行为不

姑息,不迁就,一抓到底。

②灵活性:是指工作方法上和为人处事方面,要因人、因事、因地而宜,根据实际情况随机应变,灵活运用协调的各种方法,切忌生搬硬套;在众多的矛盾中,要突出重点,分清主次,抓主要矛盾,关键问题解决了,其他问题便可以迎刃而解。

③针对性:是指协调要有针对性、有目的。在协调前要对所了解和掌握的情况,进行分析、归纳,厘清头绪,找准问题,做到有的放矢;在协调前要多设想几种情况,尽可能考虑到各方可能提出的问题,多准备几套解决方案,做到有备无患;在协调前要明确协调对象、协调主体、协调问题的性质,然后选择合适的方法,以提高协调效率。协调中拿不准、考虑不成熟的问题,不要急于表态,协调争取做到有理、有利、有节。

④群众性:是指协调过程中注意走群众路线,让大家献计献策、群策群力,激发群众的创造热情,充分发挥集体的智慧和力量,与各方同舟共济,解决问题战胜困难。

4)协调好争议,是搞好协调的关键

建设项目参建单位多、矛盾多、争议多,关系复杂,障碍多,需要协调的问题多,解决好监理过程中各种争议和矛盾,是搞好协调的关键。这些争议有专业技术争议,权利、利益争议,建设目标争议,角色争议,过程争议,人与人、单位与单位之间的争议等。有争议是正常的,监理人员可以通过争议的调查,协调暴露矛盾,发现问题,获得信息,通过积极的沟通达到统一,化解矛盾。监理通过协调,使参建各方减少摩擦,消除对抗,树立整体思想和全局观念,最大限度地调动各方积极性、主动性,使大家能够协同作战,创造出"天时、地利、人和"的良好环境,确保监理总目标的顺利实现。

复习思考题 7

7.1 组织协调的含义和作用是什么?

7.2 监理工作需要协调的范围有哪些?

7.3 项目监理机构内部的协调内容有哪些?

7.4 与业主的协调内容有哪些?与承包商的协调内容有哪些?

7.5 组织协调的方法有哪些?

7.6 简述召开监理例会的要求和内容。

8 施工阶段监理的合同管理

8.1 合同概述

· 8.1.1 合同的概念 ·

合同又称契约,《中华人民共和国合同法》(以下简称《合同法》)第2条对合同的概念作出了规定:"本法所称合同是平等主体的自然人、法人、其他组织之间设立、变更、终止民事权利义务关系的协议。"因此,合同具有以下特征:

①合同是当事人协商一致的协议,是双方或多方的自然人、法人、其他组织之间的法律行为。

②合同的主体是自然人、法人、其他组织等民事主体。

③合同的内容是有关设立、变更、终止民事权利义务关系的约定。

④合同必须依法成立,只有依法成立的合同对当事人才具有法律约束力。

在建设工程中,涉及的合同有工程勘察合同、设计合同、施工合同、委托监理合同以及建筑物资采购合同等。

· 8.1.2 合同的主要条款 ·

合同条款,是当事人双方权利、义务和责任的具体规定,是合同内容以"条款"形式的具体体现。按照合同自愿原则,合同条款应由当事人约定。但是,为了起到合同条款的示范作用,《合同法》规定了合同一般应包括的条款:

①合同当事人的名称或者姓名和住所。

②标的。标的是指合同当事人双方权利和义务共同指向的对象,即合同法律关系的客体。标的的表现形式为物、劳务、行为、智力成果、工程项目等。

标的是合同的核心,是合同当事人权利和义务的焦点,体现着当事人订立合同的目的,也是产生当事人权利和义务的依据。

③数量。数量即标的的数量,是用数字或计量单位来衡量标的的尺度。它把标的定量化,以便确定当事人双方之间的权利和义务的量化指标,从而计算价款或报酬。标的的数量必须使用国家法定计量单位,做到计量标准化、规范化。

④质量。质量即标的的质量,是标的的内在品质和外观形态的综合指标,是产品或行为等的优劣程度的体现。

⑤价款或者报酬。价款,通常是指当事人一方为取得对方出让的标的物而支付给对方一定数额的货币;报酬,通常是指当事人一方为对方提供劳务、服务等,从而向对方收取一定数额的酬金。

⑥履行期限、地点和方式。履行期限,是指当事人双方依照合同规定全面完成各自义务的时间,也是当事人主张合同权利的时间依据;履行地点,是指当事人支付标的和支付价款或酬金的地点;履行方式,是指当事人完成合同规定义务的具体方法,包括标的的支付方式和价款或酬金的结算方式。

⑦违约责任。违约责任,是指当事人一方或双方,不履行合同或不完全履行合同义务时,按照法律规定或合同约定应当承担的法律责任。违约责任包括支付违约金、偿付赔偿金以及发生意外事故的处理等其他责任。

⑧解决争议的方法。在合同履行过程中,由于主观或客观的原因,当事人双方可能会对合同履行的情况或者合同履行的后果产生争议,为使争议产生后能够有一个双方都能接受的解决办法,应当在合同中对此作出规定。解决争议的方法,是指合同当事人选择解决合同争议的方式、地点等。

合同的内容除了合同的主要条款外,还包括一些普通条款,当事人可以根据法律规定和合同性质与内容的需要协商约定。

· 8.1.3　合同的履行原则 ·

合同的履行,是指合同双方当事人按照合同的规定,全面履行各自的义务,实现各自的权利,从而使各方的目的得以实现的行为。如果当事人只履行了合同规定的部分义务,称为合同的部分履行;如果合同规定的义务全部没有履行,称为合同未履行。合同的履行是当事人订立合同的根本目的,是《合同法》的核心内容,也是合同具有法律约束力的首要表现。

合同履行的原则主要有以下几个方面:

(1)全面适当履行的原则

全面适当履行,是指合同当事人双方应当按照合同约定全面履行自己的义务,即按合同约定的标的、数量、质量、价款、地点、期限、方式等履行各自的义务。按照约定履行自己的义务,既包括全面履行义务,也包括正确适当履行义务。

按照全面适当履行原则,当事人应对合同内容作出明确具体的约定。但是,如果合同生效后,双方当事人就质量、价款或者报酬、履行地点等内容没有约定或约定不明确的,可以协议补充,不能达成补充协议的,按照合同有关条款或者交易习惯确定。

(2)诚实信用的原则

诚实信用是指合同当事人善意的心理状况,它要求当事人在进行民事活动中不用欺诈行为,守信用、尊重交易习惯,不得回避法律和歪曲合同条款,正当竞争,反对垄断,尊重社会公共利益和不得滥用权力等。诚实信用原则,是《合同法》的一项十分重要的原则,它贯穿于合同的订立、履行、变更、终止等过程。

合同履行过程中,当事人应当遵循诚实信用原则,根据合同的性质、目的和交易习惯,履行通知、协助、保密义务。当事人双方应关心合同的履行情况,发现问题及时协商解决,并为对方履行创造条件。在合同履行过程中应信守商业道德,保守商业秘密。

（3）公平合理,促进合同履行的原则

合同当事人双方自订立合同起,直到合同的履行、变更、转让以及发生争议时对纠纷的解决,都应当依据公平合理的原则,按照《合同法》的规定,根据合同的性质、目的和交易习惯善意地履行通加、协助、保密等义务。

（4）当事人一方不得擅自变更合同的原则

合同依法成立,即具有法律约束力,因此,合同当事人任何一方均不得擅自变更合同。《合同法》在若干条款中根据不同的情况对合同的变更,分别作了专门的规定。这些规定更加完善了我国的合同法律制度,并有利于促进我国社会主义市场经济的发展和保护合同当事人的合法权益。

· 8.1.4 合同变更、转让和终止 ·

1）合同变更

合同变更,是指当事人对已经发生法律效力,但尚未履行或者尚未完全履行的合同,依法经过协商进行修改或补充所达成的协议。

合同变更必须针对有效合同,协商一致是合同变更的必要条件,合同任何一方都不得擅自对合同进行变更。合同变更一般不涉及已履行的合同内容,对于有些需要有关部门批准或者登记的合同变更,需要重新进行审批或者登记,有效的合同变更必须要有明确的合同内容变更,如果当事人对合同变更约定不明确,视为没有变更。合同变更后,原合同债务消失,产生新的合同债务,当事人应按变更后的合同履行。

2）合同转让

合同转让,是指当事人一方将合同的权利、义务全部或部分转让给第三人,并由第三人接受权利和承担义务的法律行为。允许当事人转让合同权利和义务,是《合同法》自愿原则的具体体现,但法律、行政法规对合同转让有所规定的,应依照其规定。

《合同法》规定,合同的转让包括合同权利转让、合同义务转让和合同权利义务一并转让3种情况。

①合同权利转让。合同权利转让是指合同债权人通过协议,将合同中的债权全部或者部分转让给第三人的行为。

②合同义务转让。合同义务转让是指合同债务人将合同义务全部或者部分转让给第三人的行为。与合同权利转让不同,债务人将合同义务全部或者部分转让给第三人的,必须经债权人的同意,否则,这种转让不发生法律效力。

③权利和义务一并转让。合同权利和义务一并转让也称债权债务概括转让,是指合同当事人一方经对方同意,将债权债务一并转让给第三人,由第三人概括地接受这些债权债务的行为。

3）合同终止

合同终止又称合同消灭,是指当事人之间的合同关系由于某种原因而不复存在。合同终止是随着一定法律事实发生而发生的,与合同中止是不同的。合同中止只是在法定的特殊情况下,当事人暂时停止履行合同,当这种特殊情况消灭以后,当事人仍然承担继续履行合同的义务,而合同终止是合同关系的消灭,不可能恢复。

合同终止后,虽然合同当事人的合同权利义务关系不复存在了,但合同责任并不一定消灭,合同中结算和清理条款仍然有效。

根据《合同法》的规定,有下列情形之一的,合同的权利义务终止:

①债务已经按照约定履行。

②合同解除。

③债务相互抵消。

④债务人依法将标的物提存。

⑤债权人免除债务。

⑥债权债务同归于一人。

⑦法律规定或者当事人约定终止的其他情形。

· 8.1.5 承担违约责任的条件和方式 ·

违约,是指合同当事人一方不履行合同义务或者履行合同义务不符合约定的行为。违约责任,是指当事人任何一方违约后,依照法律规定或者合同约定必须承担的法律制裁。根据我国法律规定,除了发生不可抗力,才能免除当事人的全部或者部分责任外,只要当事人一方不履行合同义务(包括不能履行或者拒绝履行合同义务),或者履行合同义务不符合约定的,均构成违约,就要承担违约责任。

1)承担违约责任的条件

当事人承担违约责任的条件,是指当事人承担违约责任应当具备的要件。对于这个问题,我国《合同法》采用了严格的责任条件,而非过错责任条件。过错责任条件要求违约方承担违约责任的前提是违约方必须有过错;而严格责任条件不要求以违约方有过错为承担违约责任的前提,只要当事人有违约行为,即当事人不履行合同或者履行合同不符合约定的条件,就应当承担违约责任。

当然,违反合同而承担的违约责任,是以合同有效为前提的。无效合同从订立时起就没有法律效力,所以,不存在承担违约责任的问题。但对部分无效合同中有效条款的不履行,仍应承担违约责任。

2)承担违约责任的方式

(1)继续履行

继续履行是指违反合同的当事人不论是否承担了赔偿金或者承担了其他形式的违约责任,都必须根据对方的要求,在自己能够履行的条件下,对合同未履行的部分继续履行。因为订立合同的目的就是通过履行实现当事人的目的,从立法的角度,应当鼓励和要求合同的实际履行。承担赔偿金或者违约金责任不能免除当事人的履约责任。

(2)采取补救措施

所谓补救措施主要是指《民法通则》和《合同法》中所确定的,在当事人违反合同的事实发生后,为防止损失发生或者扩大,而由违反合同一方依照法律规定或者约定采取的修理、更换、重新制作、退货、减少价格或者报酬等措施,以给权利人弥补或者挽回损失的责任形式。采取补救措施的责任形式,主要发生在质量不符合约定的情况下。建设工程合同中,采取补救措施是施工单位承担违约责任常用的方法。

(3)赔偿损失

当事人一方不履行合同义务或者履行合同义务不符合约定的,给对方造成损失的,应当赔偿对方的损失。损失赔偿额应当相当于因违约所造成的损失,包括合同履行后可以获得的利益,但不得超过违反合同一方订立合同时预见或应当预见的因违反合同可能造成的损失。这种方式是承担违约责任的主要方式。因为违约一般都会给当事人造成损失,赔偿损失是守约者避免损失的有效方式。

(4)支付违约金

当事人可以约定一方违约时应当根据违约情况向对方支付一定数额的违约金,也可以约定因违约产生的损失额的赔偿办法。约定违约金低于造成损失的,当事人可以请求人民法院或仲裁机构予以增加;约定违约金过分高于造成损失的,当事人可以请求人民法院或仲裁机构予以适当减少。

违约金与赔偿损失不能同时采用。如果当事人约定了违约金,则应当按照支付违约金承担违约责任。

(5)定金罚则

当事人可以约定一方向对方给付定金作为债权的担保。债务人履行债务后定金应当抵作价款或收回。给付定金的一方不履行约定债务的,无权要求返还定金;收受定金的一方不履行约定债务的,应当双倍返还定金。

当事人既约定违约金,又约定定金的,一方违约时,对方可以选择适用违约金或定金条款。但是,这两种违约责任不能合并使用。

3)因不可抗力无法履约的责任承担

因不可抗力不能履行合同的,根据不可抗力的影响,部分或全部免除责任。当事人延迟履行后发生的不可抗力,不能免除责任。当事人因不可抗力不能履行合同的,应当及时通知对方,以减轻给对方造成的损失,并应当在合理的期限内提供证明。

当事人可以在合同中约定不可抗力的范围。为了公平的目的,避免当事人滥用不可抗力的免责权,约定不可抗力的范围是必要的。在有些情况下还应当约定不可抗力的风险分担责任。

·8.1.6 合同纠纷解决的方式·

合同争议也称合同纠纷,是指合同当事人对合同规定的权利和义务产生了不同的理解。根据我国法律规定,解决合同争议的方法有和解、调解、仲裁和诉讼4种。其中,和解和调解的结果没有强制执行的法律效力,要靠当事人自觉履行。当然,这里所说的和解和调解是狭义的,不包括仲裁和诉讼程序中在仲裁庭和法院主持下的和解和调解。这两种情况下的和解和调解属于法定程序,其解决方法仍有强制执行的法律效力。仲裁和诉讼是最终解决争议的两种不同的方法,而且合同当事人只能选择其一,即"或裁或讼"。

(1)和解

和解是指合同纠纷当事人在自愿友好的基础上,互相沟通、互相谅解,从而解决纠纷的一种方式。合同发生纠纷时,当事人应首先考虑通过和解解决纠纷。事实上,在合同的履行过程中,绝大多数纠纷都可以通过和解解决。

(2)调解

调解是指合同当事人对合同所约定的权利、义务发生争议,不能达成和解协议时,在经济合同管理机关或有关机关、团体等的主持下,通过对当事人进行说服教育,促使双方互相做出适当的让步,平息争端,自愿达成协议,以求解决经济合同纠纷的方法。

(3)仲裁

仲裁,也称"公断",是当事人双方在争议发生前或争议发生后达成协议,自愿将争议交给第三者做出裁决,并负有自动履行义务的一种解决争议的方式。这种争议解决方式必须是自愿的,因此必须有仲裁协议。如果当事人之间有仲裁协议,争议发生后又无法通过和解和调解解决,则应及时将争议提交仲裁机构仲裁。

(4)诉讼

诉讼,是指合同当事人依法请求人民法院行使审判权,审理双方之间发生的合同争议,做出有国家强制保证实现其合法权益,从而解决纠纷的判决活动。合同双方当事人如果未约定仲裁协议,则只能以诉讼作为解决争议的最终方式。

8.2　委托监理合同及施工合同文件

·*8.2.1　委托监理合同*·

1)委托监理合同的概念

建设工程委托监理合同是指发包人(委托人)与监理人就完成一定的工程监理任务而签订的合同。委托监理合同是委托合同的一种。

建设工程监理是建设项目的发包人为了保证工程质量、控制工程造价和工期,以维护自身利益而采取的措施,因此对建设工程是否实行监理,原则上应由发包人自行决定。但是对于使用国家财政资金或者其他公共资金建设的工程项目,为了加强对项目建设的监督,保证投资效益,维护国家利益,国家规定了实行强制监理的建设工程范围。属于实行强制监理的工程,发包人必须依法委托工程监理人实施监理,对于其他建设工程,则由发包人自行决定是否实行工程监理。对需要实行工程监理的,发包人应当委托具有相应资质条件的工程监理人进行监理。发包人与其委托的工程监理人应当订立书面委托监理合同,是委托监理合同中工程监理人对工程建设实施监督的依据。发包人与工程监理人之间的关系在性质上是平等主体之间的委托合同关系,因此发包人与监理人的权利和义务关系以及法律责任,应当依照《合同法》中的委托合同以及建筑法等其他法律、行政法规的有关规定。

2)《建设工程委托监理合同(示范文本)》

建设部和国家工商行政管理局于2000年2月联合颁布《建设工程委托监理合同(示范文本)》(CF—2000—0202),明确了发包人和监理人的权利、义务和法律责任,规范了建设工监理双方的行为。《建设工程委托监理合同（示范文本）》（CF—2000—0202）由三部分组成：第一部分为建设工程委托监理合同；第二部分为标准条件；第三部分为专用条件。

《建设工程监理合同（示范文本）》（GF—2012—0202）于2012年3月颁布，此文本由5部分组成，分别为：协议书、标准条件、专用条件、附录A、附录B。

（1）协议书

建设工程委托监理合同实际上是协议书，是一份标准的格式文件，但它却是监理合同的总纲，主要包含委托监理的工程名称、地点、规模、总投资；双方约定的承诺；合同文件的组成及合同的生效、签订日期；委托人、监理人的基本情况。经当事人双方在有限的空格内填写具体规定的内容并签字盖章后，对双方商定的监理业务、监理内容的承认和确认，即发生法律效力。

（2）标准条件

标准条件是委托监理合同的通用文件，适用于各类建设工程项目监理，各个委托人和监理人都应当遵守。标准条件是监理合同的主要部分，它明确而详细地规定了双方的权利、义务和责任，以及合同生效、变更与终止等。

（3）专用条件

专用条件是各个工程项目根据自己的工程特点、专业特点和所处的自然和社会环境，由委托人和监理人协调一致后填写的。双方如果认为需要，还可在其中增加约定的补充条款和修正条款。专用条件的条款是与标准条件的条款相对应的。在专用条件中，并非每一条款都必须出现。专用条件不能单独使用，而必须与标准条件结合在一起才能使用。

（4）附录A

为了便于工程监理单位拓展服务范围，将监理单位在工程勘察、设计、招标、保修等阶段及其他咨询服务定义为"相关服务"，如果建设单位将全部或部分相关服务委托工程监理单位完成时，应在附录A中明确约定委托的工作内容和范围。

（5）附录B

建设单位为监理人开展正常监理工作派遣的人员和无偿提供的房屋、资料、设备，应在附录B中明确地约定所提供的内容、数量和时间。

·8.2.2　施工合同文件·

1）建设工程施工合同的概念

建设工程施工合同简称施工合同，是工程发包人为完成一定的建筑、安装工程的施工任务与承包人签订的合同，由承包人负责完成拟定的工程任务，发包人提供必要的施工条件并支付工程价款。

建设工程施工合同属于建设工程合同中的主要合同，是工程建设质量控制、进度控制和投资控制的主要依据。《中华人民共和国合同法》《中华人民共和国建筑法》和《中华人民共和国招标投标法》都有相当多的条文对建筑工程施工合同的相关方面作出了规定，这些法律条文都是施工合同管理的重要依据。

建设工程施工合同的当事人是发包人和承包人，双方是平等的民事主体。发包人可以是建设工程的业主，也可以是取得工程总承包资格的总承包人。作为业主的发包人可以是具备法人资格的国家机关、事业单位、企业、社会团体或个人，不论是哪种发包人都应具备一定的组织协调能力和履行合同义务的能力(主要是支付工程价款的能力)。承包人应是具备有关部门核定的资质等级并持有营业执照等证明文件的施工企业。

2)《建设工程施工合同(示范文本)》

施工合同范本由协议书、通用条款、专用条款3个部分组成,并有3个附件:承包人承揽工程项目一览表、发包人供应材料设备一览表、工程质量保修书。

(1)协议书

协议书是施工合同文本中总纲性的文件,经双方当事人签字盖章后合同即成立。协议书的内容包括工程概况、工程承包范围、合同工期、质量标准、合同价款、组成合同的文件及双方的承诺等。

(2)通用条款

通用条款是根据《合同法》《建筑法》等法律法规对建设工程项目承发包双方的权利义务作出的规定,对于建设工程施工合同中具有的共性内容进行提炼和归纳形成的一份完整的合同文本。除当事人双方协商一致对其中的某些条款进行修改、补充、取消外,双方必须履行。通用条款共11部分,分别如下:词语定义及合同文件;双方一般权利和义务;施工组织设计和工期;质量与检验;安全施工;合同价款与支付;材料设备供应;工程变更;竣工验收与结算;违约、索赔和争议;其他。

(3)专用条款

由于建设工程项目各不相同,通用条款不能完全适用于各个具体项目,因此通过专用条款可以进行必要的限定、释义和补充。专用条款的条款号与通用条款一致,具体内容由当事人双方根据建设工程项目的情况予以填写。

3)对合同当事人有约束力的合同文件

在协议书和通用条款中规定,对合同当事人有约束力的合同文件包括:

(1)签订合同时已形成的文件

主要包括:施工合同协议书;中标通知书;投标书及其附件;施工合同专用条款;施工合同通用条款;标准、规范及有关技术文件;图纸;工程量清单;工程报价或预算书。

(2)合同履约过程中形成的文件

主要包括:合同履约过程中,双方有关工程的洽商、变更等方面协议或文件也构成对双方有约束力的合同文件,将其视为协议书的组成部分。

8.3 监理工程师对合同实施的管理工作

· 8.3.1 施工阶段对合同实施管理的工作内容 ·

建设工程合同管理是订立合同双方通过其有关机构或人员,在合同的订立和履行过程中所进行的一系列管理活动,是双方协调互动的动态过程。其主要内容包括合同订立阶段的管理和合同履行阶段的管理。

监理工程师在施工阶段对合同实施管理的基本内容：

①签订监理委托合同,协助建设单位签订施工承包合同。

②约束合同各方遵守合同规则,避免各方责任的分歧以及不严格执行合同而出现的合同纠纷及违约现象,保证工程建设项目质量、进度、投资三大目标的实现,如图 8.1 所示。

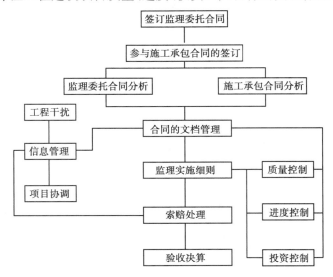

图 8.1　工程项目监理中合同管理的基本内容

· 8.3.2　合同管理的基本方法 ·

合同管理的基本方法有合同分析、合同文档管理、合同动态跟踪管理以及索赔管理等。

1)合同分析

合同分析就是对工程承包,共同承担风险的合同条款、法律条款分别进行仔细的分析解释,同时也要对合同条款的更换、延期说明、投资变化等事件进行仔细分析。

对于那些与建设单位有关的活动必须分别存档,以防漏项。合同分析和工程检查等工作要同工期联系起来。合同分析是解释双方合同责任的根据。

合同分析是在订立合同的过程中,要按条款逐条分析,如果发现有对本方产生较大风险的条款,要相应增加抵御的条款。要详细分析哪些条款与建设单位有关、与总包有关、与分包有关、与设计部门有关、与工程检查有关、与工期有关等,分门别类分析各自责任和相互联系的关系,做到一清二楚,心中有数。

合同分析的目的就是对比分析监理委托合同和施工承包合同,清晰地确定项目监理机构的服务范围、监理目标,划定监理单位与建设单位的义务权利界限;划定建设单位与承包商的义务权利界限;各项工程活动的法律后果,并将分析结果分解到监理的各个部门,以便在工程的实施过程进行各方面的控制和处理合同纠纷、索赔等问题。

2)合同文档管理

在合同管理中,要使监理工程师能快速地掌握合同及其变化情况,必须对出现的涉及合同变更等各种报告、数据资料,做到快速便捷地查询,否则合同管理工作就失去了它的意义。

合同文档管理的基本内容,包括以下几个方面:

①建立科学编码系统,不论是人工处理还是计算机处理,都应该便于操作和查询。

②合同资料的快速查询与处理,如合同分析所形成的各种文件、会议记录、设计变更、验收报告、试验报告,以及承包商的索赔报告及其处理意见等,都要能迅速地进入文档系统内。

③建立多途径的索引系统以方便查询和调用。

3)合同动态跟踪管理

由于在工程实施过程中会遇到很多无法预见的干扰,其原因可能来自规划、设计、合同本身等方面,所以要加强合同动态跟踪管理。

4)索赔管理

索赔管理包括索赔和反索赔两方面的内容。它一般是根据实际发生的事件为依据进行实事求是的评价分析,从中找出索赔的理由和条件。所以说合同管理中前几个部分是索赔管理的根据。如果合同档案处理得不好,索赔工作就很难开展。

8.4 FIDIC 施工合同条件

·8.4.1 概述·

FIDIC 是非官方组织"国际咨询工程师联合会"的法文缩写,FIDIC 成立于 1913 年,我国于 1996 年 10 月正式加入。FIDIC 自成立以来编制了一系列的工程合同条件(范本),如《土木工程施工合同条件》《电气与机械工程合同条件》《设计—建造与交钥匙工程合同条件》等。这些合同条件在国际上得到许多国家的认同和采用。特别是《土木工程施工合同条件》,在世界上公开流行的同类型的合同范本中被认为是适用范围最广的,得到世界银行等国际金融组织对其货款项目的推荐使用。我国现行使用的施工合同范本也是参照其内容编写的。

1999 年 FIDIC 总结了多年来的实践经验,在继承原有合同条件的基础上,出版了《施工合同条件》《生产设备和设计—施工合同条件》《设计采购施工(EPC)/交钥匙工程合同条件》《简明合同格式》4 本新的合同标准格式。其中,《施工合同条件》在维持《土木工程施工合同条件》(1988 年第 4 版)基本原则的基础上,对合同结构和条款作了较大修改,操作性更强,不仅适用于建筑工程施工,也可以用于安装工程施工。

施工合同条件的适用条件是:各类大型或复杂工程;主要工作为施工;建设单位负责大部分设计工作;由工程师来监理施工和签发支付证书;按工程量表中的单价来支付完成的工程量(即单价合同);风险分担均衡。

·8.4.2 施工合同条件的主要内容·

1)通用条件和专用条件

(1)通用条件

FIDIC《施工合同条件》中的通用条件是固定不变的,无论是工业与民用建筑施工、水电工程、路桥工程、港口工程的建筑安装工程施工都可适用。通用条件共分 20 大项 247 款。其中

20 大项分别是：一般规定；业主；工程师；承包商；指定分包商；员工；生产设备、材料和工艺；开工、延误和暂停；竣工检验；业主的接收；缺陷责任；测量和估价；变更和调整；合同价格和支付；业主提出终止；承包商提出暂停和终止；风险和责任；保险；不可抗力；索赔、争端和仲裁。

（2）专用条件

FIDIC 在编制合同条件时，对建筑安装工程施工的具体情况作了充分而详尽的考察，从中归纳出大量内容具体、详尽的合同条款，组成了通用条件。但仅有这些是不够的，具体到某一工程项目，有些条款应进一步明确，有些条款还必须考虑工程的具体特点和所在地区的情况予以必要的变动，专用条件就是为了实现这一目的而设立的。通用条件与专用条件一起构成了决定一个具体工程项目各方的权利、义务和对工程施工的具体要求的合同条件。

2）合同文件的组成及优先解释顺序

在 FIDIC 施工合同条件下，合同文件除合同条件外，还包含其他对业主、承包商都有约束力的文件。构成合同的这些文件应该是互相说明、互相补充的，但是这些文件有时会产生冲突或含义不清。此时，应由工程师进行解释或校正，其解释或校正应按构成合同文件的如下先后次序进行：

合同协议书→中标函→投标书→合同专用条件→合同通用条件→规范→图纸→资料表（工程量表、数据、列表及费率/单价表）以及其他构成合同一部分的文件。

8.5　施工索赔

·8.5.1　施工索赔的概念和类型·

1）施工索赔的概念

施工索赔，是指施工合同当事人在合同实施过程中，根据法律、合同规定及惯例，对并非由于自己的过错，而是由于应由合同对方承担责任的情况造成的实际损失向对方提出给予补偿的要求。对施工合同双方来说，施工索赔是维护双方合法利益的权利，承包人可以向发包人提出索赔，发包人也可以向承包人提出索赔。

2）施工索赔的分类

（1）按索赔事件所处合同状态分类

①正常施工索赔。是指在正常履行合同中发生的各种违约、变更、不可预见因素、加速施工、政策变化等情况引起的索赔。正常施工索赔是最常见的索赔形式。

②工程停、缓建索赔。是指已经履行合同的工程因不可抗力、法令、资金或其他原因必须中途停止施工所引起的索赔。

③解除合同索赔。是指因合同中的一方严重违约，致使合同无法正常履行的情况下，合同的另一方行使解除合同的权力所产生的索赔。

（2）按索赔依据的范围分类

①合同内索赔。是指索赔所涉及的内容可以在履行的合同中找到条款依据，并可根据合同条款或协议中预先规定的责任和义务划分责任，按违约规定和索赔费用、工期的计算办法提

出的索赔。一般情况下,合同内索赔的处理解决相对容易。

②合同外索赔。与合同内索赔的依据恰恰相反,即索赔所涉及的内容难于在合同条款及有关协议中找到依据,但可从民法、经济法或政府有关部门颁布的有关法规中找到依据。如在民事授权行为、民事伤害行为中找到依据所提出的索赔,就属于合同外索赔。

③道义索赔。是指承包人无论在合同内或合同外都找不到进行索赔的依据,没有提出索赔的条件和理由,但他在合同履行中诚恳可信,为工程的质量、进度及与发包人配合上尽了最大的努力。如果由于工程实施过程中估计失误,确实造成了很大的亏损,恳请发包人给予救助,这时,发包人为了使自己的工程获得良好进展,出于同情和信任承包人而慷慨予以费用补偿。发包人支付这种道义救助,能够获得承包人更理想的合作,最终发包人并无损失,因为承包人这种并非管理不善和质量事故造成的亏损,往往是在投标时估价不足造成的。换言之,若承包人充分地估计了实际情况,在合同价中也应含有这部分费用。

(3)按索赔的目的分类

①工期索赔。是指由于非承包人责任的原因而导致施工进程延误,承包人要求批准延展合同工期的索赔。工期索赔形式上是对权利的要求,以避免在原定合同竣工日不能完工时,被发包人追究延期违约责任。一旦获得合同工期延展批准后,承包人不仅免除了承担延期违约赔偿费的严重风险,而且可能提前完工得到奖励。因此,工期索赔最终仍反映在经济收益上。

②费用索赔。是指当施工的客观条件改变导致承包人增加开支,承包人要求对超出计划成本的附加开支给予补偿,以挽回不应由他承担的经济损失的索赔。费用索赔的目的是要求经济补偿。

(4)按照索赔的处理方式分类

①单项索赔。是指某一事件发生对承包人造成工期延长或额外费用支出时,承包人即可对这一事件的实际损失在合同规定的索赔有效期内提出的索赔。因此,单项索赔是对发生的事件而言。单项索赔可能是涉及内容比较简单、分析比较容易、处理起来比较快的事件;也可能是涉及内容比较复杂、索赔数额比较大、处理起来比较麻烦的事件。

②综合索赔。又称一揽子索赔,是指承包人在工程竣工结算前,将施工过程中未得到解决的或承包人对发包人答复不满意的单项索赔集中起来,综合提出一次索赔,双方进行谈判协商。综合索赔一般都是单项索赔中遗留下来的意见分歧较大的难题,责任的划分、费用的计算等都各持己见,不能立即解决。

· 8.5.2 施工索赔的处理程序 ·

《建设工程施工合同(示范文本)》通用条款第36条第2款规定,发包人未能按合同约定履行自己的各项义务或发生错误以及应由发包人承担责任的其他情况,造成工期延误和(或)承包人不能及时得到合同价款及承包人的其他经济损失,承包人可按下列程序以书面形式向发包人索赔:

①索赔事件发生后28 d内,向工程师发出索赔意向通知。

②发出索赔意向通知后28 d内,向工程师提出延长工期和(或)补偿经济损失的索赔报告及有关资料。

③工程师在收到承包人送交的索赔报告和有关资料后,于28 d内给予答复,或要求承包人进一步补充索赔理由和证据。

④工程师在收到承包人送交的索赔报告和有关资料后 28 d 内未予答复或未对承包人作进一步要求,视为该项索赔已经认可。

⑤当该索赔事件持续进行时,承包人应当阶段性向工程师发出索赔意向,在索赔事件终了后 28 d 内,向工程师送交索赔的有关资料和最终索赔报告,索赔答复程序与③,④规定相同。

案例分析

【案例 1】

某工程项目的一工业厂房于 2001 年 3 月 15 日开工,2001 年 11 月 15 日竣工,验收合格后即投产使用。2004 年 2 月,该厂房供热系统的供热管道部分出现漏水,业主进行了停产检修,经检查发现漏水的原因是原施工单位所用管材管壁太薄,与原设计文件要求不符。监理单位进一步查证施工单位向监理工程师报验的材料与其在工程上使用的管材不相符。如果全部更换厂房供热管道需工程费人民币 30 万元,同时造成该厂部分车间停产,损失人民币 20 万元。

业主就此事件提出如下要求:

1. 要求施工单位全部返工更换厂房供热管道,并赔偿停产损失的 60%(计人民币 12 万元)。

2. 要求监理单位对全部返工工程免费监理,并对停产损失承担连带赔偿责任,赔偿停产损失的 40%(计人民币 8 万元)。

施工单位对业主的要求答复如下:

该厂房供热系统已超过国家规定的保修期,不予保修,也不同意返工,更不同意赔偿停产损失。

监理单位对业主的要求答复如下:

监理工程师已对施工单位报验的管材进行了检查,符合质量标准,已履行了监理职责。施工单位擅自更换管材,由施工单位负责,监理单位不承担任何责任。

【问题】

1. 依据现行法律和行政法规,请指出业主的要求和施工单位、监理单位的答复中各有哪些错误,为什么?

2. 简述施工单位和监理单位各应承担什么责任,为什么?

【参考答案】

1. 业主要求施工单位"赔偿停产损失的 60%(计人民币 12 万元)"是错误的,应由施工单位赔偿全部损失(计人民币 20 万元);业主要求监理单位"承担连带赔偿责任"也是错误的,依据有关法规监理单位对因施工单位的责任引起的损失不应负连带赔偿责任。

业主对监理单位"赔偿停产损失的 40%(计人民币 8 万元)"计算方法错误,按照委托监理合同示范文本,监理单位赔偿总额累计不应超过监理报酬总额(扣除税金)。

施工单位"不予保修"的答复错误,因施工单位使用不合格材料造成的工程质量不合格,不应有保修期限的规定而不承担责任。施工单位"不予返工"的答复错误,按现行法律规定,对不合格工程施工单位应予返工。"更不同意支付停产损失"的答复也是错误的,按现行法律,工程质量不合格造成的损失应由责任方赔偿。

监理单位答复"已履行了职责"不正确,在监理过程中监理工程师对施工单位使用的工程材料擅自更换的控制有失职。监理单位答复"不承担任何责任"也是错误的,监理单位应承担相应的监理失职责任。

2.依据现行法律、法规,施工单位应承担全部责任,因施工单位故意违约,造成工程质量不合格。依据现行法律、法规(如《建设工程质量管理条例》第67条),因监理单位未能及时发现管道施工过程中的质量问题,但监理单位未与施工单位故意串通、弄虚作假,也未将不合格材料按照合格材料签字,监理单位应承担失职责任。

【案例2】

某高速公路工程,承包商为了避免今后可能支付延误赔偿金的风险,要求将路基的完工时间延长6个星期,承包商的理由如下:

①特别严重的降雨。

②现场劳务不足。

③业主在原工地现场之外的另一地方追加了一项额外工作。

④无法预见的恶劣土质条件,使路基施工难度加大。

⑤施工场地使用权提供延误。

⑥工程款不到位。

【问题】

1.监理工程师认为以上什么原因所引起的延误是非承包商原因引起的延误,可批准延长工期。

2.若监理工程师认为现场劳务不足问题属于承包商自己的责任,由此引起的延误是不可原谅延误,不同意就此延长工期,这样处理对吗?

3.哪些是业主的责任,监理工程师该如何处理?

【参考答案】

1.①③④⑤⑥。

2.对。现场劳力不足是承包商内部组织管理不当,不能给予工期延长。

3.业主的责任是③,⑤,⑥。监理工程师的处理,对③要求业主适当增加工程款或者适当延长工期;对⑤要求业主按场地使用权提供的延误时间相应顺延工期;对⑥要求业主按合同规定准时拨付工程款。

复习思考题8

8.1　合同的概念是什么?合同具有哪些特征?

8.2　合同的主要条款有哪些?

8.3　合同纠纷解决的方式有哪些?

8.4　什么是委托监理合同?什么是建设工程施工合同?

8.5　在施工阶段监理工程师合同管理的基本内容是什么?

8.6　简述索赔的概念和分类。

9 建设工程监理信息管理和安全监理

9.1 监理信息管理概述

· 9.1.1 监理信息的作用 ·

监理信息是为监理决策和管理服务的,是监理决策和管理的基础。建设工程监理的主要方法是控制,控制的基础是信息,及时掌握准确可靠的监理信息,可以使监理工程师耳聪目明,可以更加卓有成效地完成监理任务。信息管理工作的好坏,将会直接影响监理工作的成败,所以监理工程师应重视监理信息,掌握信息管理的方法。

· 9.1.2 监理信息的分类 ·

建设工程项目监理过程中,涉及大量的信息,这些信息依据不同标准可划分如下:

(1)按照建设工程的目标划分

①投资控制信息。

②质量控制信息。

③进度控制信息。

④合同管理信息。

(2)按照建设工程项目信息的来源划分

①项目内部信息。

②项目外部信息。

(3)按照信息的稳定程度划分

①固定信息。

②流动信息。

(4)按照信息的层次划分

①战略性信息。

②管理性信息。

③业务性信息。

(5)按信息的性质划分

①组织类信息。

②管理类信息。

③经济类信息。

④技术类信息。

· 9.1.3　信息管理与信息系统 ·

1)信息管理

(1)信息管理的概念

信息管理是指对信息的收集、加工整理、储存、传递与应用等一系列工作的总和。信息管理的目的就是通过有组织的信息流通,使决策者能及时、准确地获得相应的信息。

(2)信息管理的基本任务

监理工程师作为项目管理者,承担着项目信息管理的任务。

①组织项目基本情况的信息收集并系统化,编制项目手册。

②规定项目报告及各种资料的基本要求。

③按照项目实施、项目组织、项目管理工作过程建立项目管理信息流程,在实际工作中保证这个系统正常运行,并控制信息流。

④文件档案管理工作。

(3)信息管理工作的原则

为了便于信息的收集、处理、储存、传递和利用,监理工程师在进行建设工程信息管理中应遵循以下基本原则:

①标准化原则。

②有效性原则。

③定量化原则。

④实效性原则。

⑤高效处理原则。

⑥可预见原则。

(4)信息分类编码的原则

在信息分类的基础上,可以对项目信息进行编码。信息编码是指将事物或概念赋予一定规律性的、易于计算机和人识别与处理的符号。对项目信息进行编码的基本原则如下:

①唯一性。

②合理性。

③可扩充性。

④简单性。

⑤适用性。

⑥规范性。

2)信息系统

信息系统是由人和计算机等组成,以系统思想为依据,以计算机为手段,进行数据收集、传递、处理、存储、分发,加工产生信息,为决策、预算和管理提供依据的系统。

信息系统是一个系统,具有系统的一切特点,信息系统的目的是对数据进行综合处理,得到信息,它也是一个更大系统的组成部分。它能够再分为多个子系统,与其他子系统有相关性,也与环境有联系。它的对象是数据和信息,通过对数据的加工得到信息,而信息是为决策、预测、管理服务的,是它们的工作依据。

9.2 建设监理信息管理

·9.2.1 监理工作信息流程·

1)建设工程信息流程的组成

建设工程的信息流由建设各方的信息流组成,监理单位的信息系统作为建设工程系统的一个子系统,监理的信息流仅仅是其中的一部分信息流。建设工程的信息流程如图9.1所示。

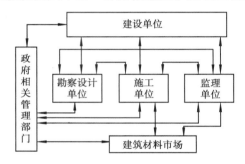

图9.1 建设工程各参与方信息关系图

2)监理单位及项目监理部信息流程的组成

作为监理单位内部,也有一个信息流程,监理单位的信息系统更偏重于公司内部管理和对所监理的建设工程项目监理部的宏观管理,对具体的某个工程项目监理部,也要组织必要的信息流程,加强项目数据和信息的微观管理。监理单位的信息流程图如图9.2所示,项目监理部的信息流程图如图9.3所示。

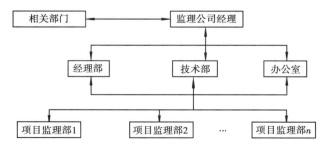

图9.2 监理单位信息流程图

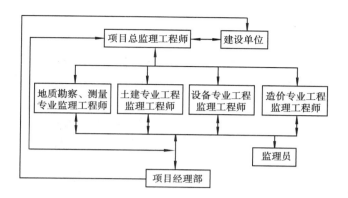

图 9.3　项目监理部信息流程图

· *9.2.2　监理信息的收集* ·

在建设工程不同阶段,对数据和信息的收集是不同的,有不同的来源、不同的角度、不同的处理方法。

1)项目决策阶段的信息收集

①项目相关市场方面的信息。

②项目资源相关方面的信息。

③自然环境相关方面的信息。

④新技术、新设备、新工艺、新材料,专业配套能力方面的信息。

⑤政治环境,社会治安状况,当地法律、政策、教育的信息。

2)设计阶段的信息收集

①可行性研究报告及前期相关文件资料。

②同类工程相关信息。

③拟建工程所在地相关信息。

④勘察、测量、设计单位相关信息。

⑤工程所在地政府相关信息。

⑥设计中的设计进度计划,设计质量保证体系,设计合同执行情况,偏差产生的原因,专业交接情况,执行规范、标准情况,设计概算等方面的信息。

3)施工招投标阶段的信息收集

①工程地质、水文报告、设计文件图纸、概预算。

②建设前期报审资料。

③建筑市场造价及变化趋势。

④所在地建筑单位信息。

⑤适用规范、规程、标准。

⑥所在地关于招投标有关法规、规定及合同范本。

⑦所在地招投标情况。

⑧该工程准备采用的"四新"和施工单位使用"四新"的能力。

4）施工阶段信息的收集

（1）施工准备期的信息收集

主要有：监理大纲；施工单位项目经理部的组成及管理方法；建设工程项目所在地具体情况；施工图情况；相关法律、法规、规章、规范、规程，特别是强制性标准和质量评定标准。

（2）施工实施期的信息收集

主要有：施工单位人员、设备、能源；原材料等供应、使用、保管；项目经理部管理程序；施工规范、规程；工程数据的记录；材料的试验资料；设备安装调试资料；工程变更及施工索赔相关信息。

（3）竣工保修期的信息收集

主要有：贯彻准备阶段文件；监理文件；施工资料；竣工图；竣工归档整理规范及竣工验收资料。

·9.2.3   监理信息的处理·

1）信息的加工、整理

把建设各方得到的数据和信息进行鉴别、选择、核对、合并、排序、更新、计算、汇总、转储，生成不同形式的数据和信息，提供给具有不同需求的各类管理人员使用。

2）信息的加工、整理、存储流程

通过完善建设工程项目业务流程图，进而抽象化，找到总的数据流程图，再通过数据流程图得到系统流程图，规范信息的处理程序。

3）信息的分发和检索

通过对收集的数据进行分类加工、处理产生信息后，要及时提供给需要使用数据和信息的部门，要根据需要来分发信息和数据，信息和数据的检索则要建立必要的分级管理制度，一般由使用软件来保证实现数据和信息的分发、检索。分发和检索的原则是：需要的部门和使用人，有权在需要的第一时间，方便地得到所需要的、以规定形式提供的一切信息和数据，而保证不向不该知道的部门提供任何信息和数据。

4）信息的储存

信息的储存一般需要建立统一的数据库，各类数据以文件的形式组织在一起，组织的方法一般由单位自定，但要考虑规范化。

9.3   监理资料与文档管理

·9.3.1   监理资料·

监理资料应包括的内容为：

①施工合同文件及委托监理合同。

②勘察设计文件。

③监理规划。

④监理实施细则。

⑤分包单位资格报审表。

⑥设计交底与图纸会审会议纪要。

⑦施工设计(方案)报审表。

⑧工程开工/复工报审表及工程暂停令。

⑨测量核实资料。

⑩工程进度计划。

⑪工程材料、构配件、设备的质量证明文件。

⑫检查试验资料。

⑬工程变更资料。

⑭隐蔽工程验收资料。

⑮工程计量单和工程款支付证书。

⑯监理工程师通知单。

⑰监理工作联系单。

⑱报验申请表。

⑲会议纪要。

⑳往来函件。

㉑监理日记。

㉒监理月报。

㉓质量缺陷与事故的处理文件。

㉔分部工程、单位工程等验收资料。

㉕索赔文件资料。

㉖竣工结算审核意见书。

㉗工程项目施工阶段质量评估报告、专题报告。

㉘监理总结。

·9.3.2 建设工程监理文件档案资料管理·

1)监理文件档案资料的基本概念

监理文件档案资料是指监理工程师受业主委托,在进行建设工程监理的工作期间,对建设工程实施过程中形成的与监理相关的文档进行收集积累、加工整理、立卷归档和检索利用等一系列工作。

2)监理文件档案资料的主要内容

①监理文件档案收文与登记。

②监理文件档案资料传阅与登记。

③监理文件档案资料发文与登记。

④监理文件档案资料分类存放。

⑤监理文件档案资料归档。

⑥监理文件档案资料借阅、更改与作废。

3）监理文件档案资料管理的方法

①收、发文,借阅、传阅应建立登记制度。

②收文应记录文件名、文件摘要、发放部门、文件编号、收文日期、收文人员应签字。

③检查收文各项内容的填写和记录是否真实、完整,格式是否满足文件档案规范的要求。

④对有追溯性要求的内容应核查所填写的内容是否可追溯。

⑤文件收到后应及时提交项目总监理工程师、总监理工程师代表或专业监理工程师进行处理。

⑥监理文件的更改、作废,原则上应由信息部门指定的责任人进行,涉及审批责任的,还需经相关原审批责任人签字认可,更改后的新文件及时取代原文件。

9.4　建设工程安全监理

·9.4.1　建设工程安全监理概述·

1）建设工程安全监理的重要意义

①有利于加强建设工程安全管理。

②有利于完善建筑安全生产管理体制。

③有利于提高建设工程项目的综合效益。

2）建设工程安全监理及相关术语的含义

（1）安全监理

建设工程安全生产的监理工作。施工阶段的建设工程安全监理是指具有相应资质的工程监理单位受建设单位的委托,依据国家有关建设工程的法律、法规、工程建设强制性标准、建设工程项目文件、建设工程委托监理合同及其他建设工程合同,对施工单位的安全生产管理行为的监督检查和安全防护措施的监督抽查。

（2）安全监理人员

项目监理机构按照分工负责日常安全监理工作的监理人员。

（3）危险性较大的分部分项工程

《建设工程安全生产管理条例》第4章第26条所明确的7项分部分项工程:

①基坑支护与降水工程。

②土方开挖工程。

③模板工程。

④起重吊装工程。

⑤脚手架工程。

⑥拆除、爆破工程。

⑦国务院建设行政主管部门或其他有关部门规定的其他危险性较大的工程。

（4）安全生产管理机构

施工单位在建设工程项目中设置的负责安全生产管理工作的独立职能部门。

（5）施工单位专职安全生产管理人员

经建设主管部门或其他有关部门安全生产考核合格,取得安全生产考核合格证书,在施工企业从事安全生产管理工作的专职人员。包括施工企业安全生产管理机构的负责人、工作人员和施工现场专职安全生产管理人员。

（6）监理日志

监理人员应有每日对安全监理工作情况的记录。

（7）施工安全技术措施

施工单位在施工前,为了实现安全生产,在防护、技术和管理方面所采取的措施。它是施工组织设计或施工方案的重要组成部分。

（8）专项施工方案

在危险性较大的分部分项工程施工前,由施工单位针对该项工程编制并按照规定程序审查批准的,包括施工安全技术措施的施工方案。

（9）安全监理方案

在总监理工程师主持下编制、经监理公司技术负责人批准,用于指导项目监理部开展安全监理工作的指导性文件。

3）建设工程安全监理的基本规定

①安全监理工作的性质是发现安全问题,督促施工单位消除安全事故隐患。

②建设单位在与监理公司签订的委托监理合同中,应明确安全监理的范围、内容、职责及安全监理费用。

③建设单位应将安全监理的委托范围、内容及对工程监理单位的授权,应告知施工单位。

④监理公司的行政负责人应对本单位的安全生产监理工作全面负责,项目监理部的安全生产监理工作实行总监理工程师负责制。

⑤总监理工程师、专业监理工程师、专职监理人员依据《建设工程安全生产管理条例》承担相应的安全监理责任。

⑥安全监理不得替代施工单位的安全管理。

9.4.2 项目监理部安全监理管理体系 ·

项目监理部应依据监理合同的约定和监理项目的特点建立安全监理组织机构,设立相应的专职监理人员。

（1）总监理工程师的职责

①对所监理工程项目的安全监理工作全面负责。

②依据监理合同的约定和监理项目的特点设立相应的专职安全监理人员。明确监理人员的安全监理工作职责。

③主持编写监理规划中的安全监理方案,审批安全监理实施细则。

④审核并签发有关安全监理的通知和安全监理专题报告。

⑤审批施工组织设计和施工安全专项方案,组织审查和批准施工单位提出的安全技术措施及工程项目生产安全事故应急预案。

⑥审批《施工单位安全生产管理体系报审表》《施工安全专项方案报审表》《施工起重机械设备进场/使用报验单》。

⑦签署《工程安全防护措施使用计划报审表》。

⑧签发《工程暂停令》，必要时向有关部门提交《项目监理机构向有关主管部门质量安全报告单》。

⑨检查安全监理工作的落实情况。

（2）总监理工程师代表的职责

①根据总监理工程师的授权，行使总监理工程师的部分职责和权利，并承担相应的责任。

②总监理工程师不得将下列工作委托总监理工程师代表：

a. 对所监理工程项目的安全监理工作全面负责；

b. 主持编写监理规划中的安全监理方案，审批安全监理实施细则；

c. 签署方案防护、文明施工措施费用支付证书；

d. 签发安全监理专题报告；

e. 签发开工/复工报审表、工程暂停令，必要时向有关部门报告；

f. 组织审核和确认施工单位提出的安全技术措施及工程项目安全事故应急救援预案；

g. 检查项目监理机构安全监理工作的落实情况；

h. 调换不合格的监理人员。

（3）专职安全监理人员的职责

专职安全监理人员的职责主要体现在以下几个方面：

①编写安全监理方案和安全监理实施细则。

②审查施工单位的营业执照、企业资质和安全生产许可证。

③审查施工单位安全生产管理的组织机构，查验安全生产管理人员的安全生产考核合格证书、各级管理人员和特种作业人员上岗资格证书。

④审核施工组织设计中安全技术措施或施工安全专项方案。

⑤审核本工程危险性较大的分部分项工程的施工安全专项方案。

⑥核查施工单位安全培训教育记录和安全技术措施的交底情况。

⑦检查施工单位制订的安全生产责任制度、安全生产规章制度和安全事故应急救援预案以及事故报告制度。

⑧核查施工起重机械拆卸、安装和验收手续；检查定期检测情况。

⑨核查中小型机械设备的进场验收手续。

⑩定期巡视检查施工工程中的危险性较大工程作业情况。

⑪对施工现场进行安全巡视检查，填写监理日记；在巡视检查中，发现安全事故隐患的应要求施工单位及时整改，并督促和检查隐患整改的结果。同时向总监理工程师或总监代表报告。

⑫主持召开安全生产专题监理会议。

⑬起草并经总监授权签发有关安全监理的通知。

⑭编写监理月报中的安全监理工作内容。

·9.4.3 安全监理方案、细则·

1)安全监理方案

安全监理方案主要包括：

①监理规划中应包括安全监理方案。

②安全监理方案应根据法律法规的要求、工程项目特点以及施工现场的实际情况,确定安全监理工作的目标、重点、制度、方法和措施,并明确给出应编制安全监理实施细则的分部分项工程或施工部位。安全监理方案应具有针对性。

③安全监理方案的编制应由总监理工程师主持、专职安全监理人员参加。安全监理方案由公司技术负责人审批后实施。

④安全监理方案应根据工程的变化予以补充、修改和完善,并按规定程序报批。

2)安全监理实施细则

安全监理实施的细则主要包括：

①项目监理部应按照安全监理方案的要求编制安全监理实施细则,安全监理实施细则应具有可操作性。

②危险性较大的分部分项工程施工前,必须编制安全监理实施细则。

③安全监理实施细则应针对施工单位编制的专项施工方案和现场实际情况,依据安全监理方案提出的工作目标和管理要求。明确监理人员的分工和职责、安全监理工作的方法和手段、安全监理检查重点、检查频率和检查记录的要求。

④安全监理实施细则的编制应由总监理工程师主持、专职安全监理人员和专业监理工程师参加。安全监理实施细则由总监理工程师审批后实施。

⑤安全监理实施细则应根据工程的变化予以补充、修改和完善,并按规定程序报批。

·9.4.4 监理工作的内容、程序·

1)施工准备阶段的安全监理

(1)施工准备阶段安全监理工作的主要内容

①审查施工现场及毗邻建筑物、构筑物和地下管线等的专项保护措施。

②核查施工单位的企业资质和安全生产许可证,检查总包单位与分包单位的安全协议签订情况。

③审查施工组织设计中的安全技术措施,主要审查以下内容:

a.安全技术措施的内容应符合工程建设强制性标准;

b.应编制危险性较大的分部分项工程一览表及相应的专项施工方案,并且符合有关规定;如果分阶段编制,应有编制计划;

c.安全事故应急预案的编制情况;

d.冬期,雨季、夏季等季节性安全施工方案的制订应符合规范要求;

e.施工总平面布置应符合有关安全、消防的要求;

f.总监理工程师认为应审核的其他内容。

④审查危险性较大的分部分项工程的专项施工方案,主要审查以下内容:

a. 专项施工方案的编制、审核、批准签署齐全有效；

b. 专项施工方案的内容应符合工程建设强制性标准；

c. 应当组织专家论证的，已有专家书面论证审查报告，论证审查报告的签署齐全有效；

d. 专项施工方案应根据专家论证审查报告中提出的结论性意见进行完善。

⑤检查施工现场安全生产保证体系

a. 施工单位现场安全生产管理机构的建立应符合有关规定，安全管理目标应明确并符合合同的约定；

b. 施工单位应建立健全施工安全生产责任制度、安全检查制度和事故报告制度；

c. 施工单位项目负责人的执业资格证书和安全生产考核合格证书应齐全有效；

d. 施工单位专职安全生产管理人员的配备数量应符合建设行政主管部门的规定，其执业资格证书和安全生产考核合格证书应齐备有效。

⑥核查施工单位现场人员安全教育培训记录。

（2）第一次工地会议

①第一次工地会议应有建设单位、监理单位、施工单位负责现场安全管理的人员参加。

②施工单位项目经理汇报施工准备工作时，应包括现场安全生产的准备情况。

（3）安全监理交底

①安全监理交底应由总监理工程师主持。

②参加安全监理交底的人员应包括：

a. 施工单位项目经理、技术负责人、安全生产负责人及有关的安全管理人员；

b. 项目监理部总监理工程师及有关的监理人员。

③安全监理交底的主要内容：

a. 明确本工程适用的国家和本市有关工程建设安全生产的法律法规和技术标准；

b. 阐明合同约定的参建各方安全生产的责任、权利和义务；

c. 介绍施工阶段安全监理工作的内容；

d. 介绍施工阶段安全监理工作的基本程序和方法；

e. 提出有关施工安全资料报审及管理要求。

④项目监理部应编制施工安全监理交底会议纪要，并经与会各方会签后及时发出。

（4）核查开工条件

项目监理部核查开工条件时，安全监理人员应核查施工单位安全生产准备工作是否达到开工条件，并在《工程开工报审表》审查意见一栏中签署意见。

2）施工阶段的安全监理

（1）施工过程中安全监理方法及要求

①日常巡视。监理人员每日对施工现场进行巡视时，应检查安全防护情况并作好记录；针对发现的安全问题，按其严重程度及时向施工单位发出相应的监理指令，责令其消除安全事故隐患。

②安全检查。

a. 安全监理人员应按安全监理方案经常性地进行安全检查，检查结果应写入项目监理日志；

b. 项目监理部应要求施工单位每周组织施工现场的安全防护、临时用电、起重机械、脚手

架、施工防汛、消防设施等安全检查,并派人参加;

c. 项目监理部应组织相关单位进行有针对性的安全专项检查,每月不少于 1 次;

d. 对发现的安全事故隐患,项目监理部应及时发出书面监理指令。

③监理例会。在定期召开的监理例会上,应检查上次例会有关安全生产决议事项的落实情况,分析未落实事项的原因,确定下一阶段施工安全管理工作的内容,明确重点监控的措施和施工部位,并针对存在的问题提出意见。

④安全专题会议。

a. 总监理工程师必要时应召开安全专题会议,由总监理工程师或安全监理人员主持,施工单位的项目负责人、现场技术负责人、现场安全管理人员及相关单位人员参加;

b. 监理人员应作好会议记录,及时整理会议纪要;

c. 会议纪要应要求与会各方会签后,及时发至各方,同时应有相关签收手续。

⑤监理指令。在施工安全监理工作中,监理人员通过日常巡视及安全检查,发现违规施工和存在安全事故隐患的,应立即发出监理指令。监理指令分为口头指令、工作联系单、监理通知、工程暂停令 4 种形式。

a. 口头指令。监理人员在日常巡视中发现施工现场的一般安全事故隐患,凡立即整改能够消除的,可通过口头指令向施工单位管理人员予以指出,监督其改正,并在监理日记中记录。

b. 工作联系单。如口头指令发出后施工单位未能及时消除安全事故隐患或监理人员认为有必要时,应发出《监理工程师联系单》,要求施工单位限期整改,监理人员按时复查整改结果,并在项目监理日志中记录。

c. 监理通知。当发现安全事故隐患后,安全监理人员认为有必要时,总监理工程师或安全监理人员应及时签发有关安全的《监理工程师通知单》,要求施工单位限期整改并限时书面回复,安全监理人员按时复查整改结果,《监理工程师通知》应抄报建设单位。

d. 工程暂停令。当发现施工现场存在重大安全事故隐患时,总监理工程师应及时签发《工程暂停令》,暂停部分或全部在建工程的施工,并责令其限期整改;经安全监理人员复查合格,总监理工程师批准后方可复工。

⑥监理报告。

a. 项目监理部应每月总结施工现场安全施工的情况,并写入监理月报,向建设单位报告;

b. 总监理工程师在签发《工程暂停令》后应及时向建设单位报告;

c. 对施工单位拒不执行《工程暂停令》的,总监理工程师应向建设单位及监理单位报告;必要时应填写《项目监理机构向有关主管部门质量安全报告单》,向工程所在地建设行政主管部门报告,并同时报告建设单位;

d. 在安全监理工作中,针对施工现场的安全生产状况,结合发出监理指令的执行情况,总监理工程师认为有必要时,可编写书面安全监理专题报告,交建设单位或建设行政主管部门。

(2)施工阶段安全监理工作的主要内容

①检查施工单位现场安全生产保证体系的运行。并将检查情况记入项目监理日志。

a. 每天检查施工单位专职安全生产管理人员到岗情况;

b. 抽查特种作业人员及其他作业人员的上岗资格;

c. 检查施工现场安全生产责任制、安全检查制度和事故报告制度的执行情况;

d. 检查施工单位对进场作业人员的安全教育培训记录;

e. 抽查施工前工程技术人员对作业人员进行安全技术交底的记录。

② 检查施工安全技术措施和专项施工方案的落实情况。

③ 检查施工单位执行工程建设强制性标准的情况。

④ 审查施工单位填报的《工程安全防护措施费使用计划报审表》,签发《安全防护、文明施工措施费用支付证书》。

⑤ 施工现场发生安全事故时应按规定程序上报。

（3）危险性较大的分部分项工程的安全监理

① 项目监理部应指派专人负责危险性较大的分部分项工程的安全监理。

② 监理工程师应依据专项施工方案及工程建设强制性标准对危险性较大的分部分项工程进行检查。

③ 安全监理人员应按照安全监理实施细则中明确的检查项目和频率重点进行巡视检查,并作好详细记录。

④ 安全监理人员对发现的安全事故隐患应及时发出监理指令并督促整改,必要时向总监理工程师报告。

（4）施工机械及安全设施的安全监理

① 施工现场起重机械拆装前,监理人员应核查拆装单位的企业资质、租赁合同、设备的定期检测报告及特种作业人员上岗证,并在相应的表格上签字;监理人员应检查其是否编制了专项拆装方案;安装完毕后监理人员应核查施工单位的安装验收手续,并在相应的表格上签字。

② 监理工程师和安全监理人员应检查施工机械设备的进场安装验收手续,并在相应的验收表上签字。

③ 监理工程师和安全监理人员应参加施工现场模板支撑体系的验收并签署意见,对工具式脚手架、落地式脚手架、临时用电、基坑支护等安全设施的验收资料及实物进行检查并签署意见。

3）安全监理的主要工作程序

（1）安全技术措施及专项施工方案的报审程序

① 施工单位应在施工前向项目监理部报送施工组织设计（施工方案）,施工组织设计（施工方案）中应包含安全技术措施、施工现场临时用电方案及本工程危险性较大的分部分项工程专项施工方案的编制计划。施工组织设计（施工方案）由施工单位的技术负责人签字,并盖单位章。

② 施工单位在危险性较大的分部分项工程施工前向项目监理部报送专项施工方案;专项施工方案应由施工单位的专业技术人员编写,施工单位技术部门的专业技术人员审核,再由施工单位的技术负责人签字,并盖单位章。

③ 专项施工方案应当组织专家论证的,施工单位应组织对专项施工方案进行专家论证,并将论证报告作为专项施工方案的附件报送项目监理部。

④ 总监理工程师组织监理人员进行审查,总监理工程师签认;当需要施工单位修改时,应由总监理工程师签发书面意见要求施工单位修改后再报。

（2）施工机械及安全设施的报审程序

① 起重机械报审验收程序:

a. 起重机械安装前,项目监理部应对施工单位报送的《施工起重机械设备进场/使用报验

单》及所附资料进行程序性核查,合格后方可进行安装;

b.起重机械安装完成后,总监理工程师应组织安全监理人员对其验收程序进行核查,并在施工单位报送的《施工起重机械设备进场/使用报验单》上签署意见;

c.起重机械拆卸前,项目监理部应对施工单位报送的《施工起重机械设备进场/使用报验单》及所附资料进行程序性核查,合格后方可进行拆卸。

②其他施工机械报审核查程序。项目监理部应对施工单位报送的其他施工机械检查验收的程序进行复核并签署意见。

③安全设施验收审核程序。监理工程师应对落地式脚手架、工具式脚手架、钢管扣件式支撑体系的验收资料进行复核,并签署意见。

(3)安全防护、文明施工措施项目费用的报审程序

①施工单位应在开工前向项目监理部提交安全防护、文明施工措施项目清单及费用清单,并填写《工程安全防护措施费使用计划报审表》报项目监理部申请支付安全防护、文明施工措施费预付款。

②安全监理人员和应依据施工合同的约定审核施工单位提出的预付款支付申请。

③施工单位应在施工过程中按期落实安全防护、文明施工措施,并经自检合格后,依据施工合同的约定向项目监理部申请支付相关费用。

④安全监理人员应依据合同约定和施工单位提交的安全防护、文明施工措施落实清单进行审查,对措施不落实的应发出监理指令要求施工单位立即整改;对已经落实的项目进行核准。

⑤总监理工程师签发安全防护、文明施工措施费用报建设单位。

⑥安全防护、文明施工措施项目费用报审和支付程序框如图9.4所示。

(4)安全事故的处理程序

①当施工现场发生安全事故后,施工单位应迅速控制并保护现场,及时启动安全救援应急预案,采取必要措施抢救人员和财产,防止事态发展和扩大,及时报告施工单位上级部门和现场项目监理部。

②总监理工程师应及时会同建设单位现场负责人向施工单位了解事故情况,判断事故的严重程度,及时发出监理指令并向监理公司报告。

③当现场发生重伤事故后,总监理工程师应签发《监理工程师通知单》。要求施工单位提交事故调查报告,提出处理方案和安全生产补救措施,经总监理工程师和安全监理人员审核同意后实施。安全监理人员应进行复查,并在《监理工程师通知回复单》中签署复查意见,由总监理工程师签认。

④当现场发生死亡或重大死亡事故后,总监理工程师应签发《工程暂停令》,并及时向监理公司、建设单位及监理工程所在地建设行政主管部门报告;监理公司指定公司主管负责人进驻现场,组织安全监理人员配合有关主管部门组成事故调查组进行调查;项目监理部按照事故调查组提出的处理意见和防范措施建议,监督检查施工单位对处理意见和防范措施的落实情况;对施工单位填报的《工程复工报审表》,安全监理人员进行核查,由总监理工程师签批。

⑤现场发生安全事故后,监理公司与项目监理部应立即收集整理与事故有关的安全监理资料。分析事故原因及事故责任,如实向有关部门报告。

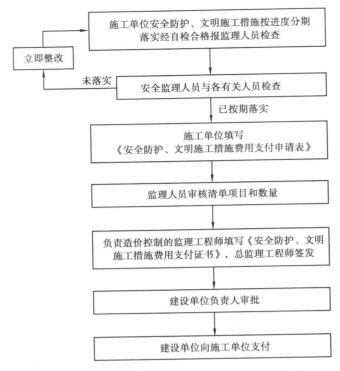

图9.4　安全防护、文明施工措施项目费用报审和支付程序框图

· 9.4.5　施工安全监理资料的管理 ·

1）安全监理资料的内容

①建设工程委托监理合同（含安全监理工作内容）。

②监理规划（含安全监理方案）、安全监理实施细则。

③施工单位安全管理体系。安全生产人员的岗位证书、安全生产考核合格证书、特种作业人员岗位证书及审核资料。

④施工单位的安全生产责任制、安全管理规章制度及审核资料。

⑤施工单位的专项安全施工方案及工程项目应急救援预案的审核资料。

⑥安全监理专题会议纪要。

⑦关于施工安全的工作联系单、监理通知单及回复单、工程暂停令及复工审批资料。

⑧关于安全事故隐患、安全生产问题的报告、处理意见等有关文件。

2）安全监理资料的日常管理

①安全监理资料管理的基本要求是：收集及时、真实齐全、分类有序。

②安全监理资料纳入本项目监理部的工程监理资料管理，由安全监理人员审核后与监理资料交公司归档。

③安全监理资料应建立案卷，分类编目、编号，以便于跟踪检查。

④安全监理资料的收发、借阅应通过公司履行手续。

3）安全监理资料的归档管理

安全监理档案的验收、移交和管理参照《建设工程文件归档整理规范》相关要求。

复习思考题 9

9.1 监理工程师进行建设工程项目信息管理的基本任务是什么?

9.2 建设工程监理信息在建设各个阶段如何进行收集?

9.3 监理资料包括哪些内容?

9.4 监理工程师的安全职责有哪些?

附　录

附录1　监理规划案例

某工程项目业主与监理单位及承包商分别签订了施工阶段监理合同和工程施工合同。由于工期紧张,在设计单位仅交付地下室的施工图时,业主要求承包商进场施工,同时监理单位提出对设计图纸质量把关的要求,在此情况下,监理单位为了满足业主要求,由项目监理工程师向业主直接报送监理规划,其部分内容如下:

1.工程概况;

2.监理工作范围和目标;

3.监理组织;

4.设计方案评选方法及组织设计协调工作的监理措施;

5.因设计图纸不全,拟按进度分阶段编写基础、主体、装修工程的施工监理措施;

6.对施工合同进行监督管理;

7.施工阶段监理工作制度。

【问题】你认为监理规划是否有不妥之处?为什么?

【答案要点】

首先,工程建设监理规划应由总监理工程师组织编写、签发,试题所给背景资料中是由土建监理工程师直接向业主"报送"。其次,本工程项目是施工阶段监理,监理规划中写的"4.设计方案评选方法及组织设计协调工作的监理措施"等内容设计阶段监理规划应编制的内容,不应该写在施工阶段监理规划中。最后,"5.因设计图纸不全,拟按进度分阶段编写基础、主体、装修工程的施工监理措施"不妥,施工图不全不应影响监理规划的完整编写。

附录2　监理实施细则案例

某项实施监理的钢筋混凝土高层框剪结构工程,设计图纸齐全,采用玻璃幕墙,暗设水、电管线。目前,主体结构正在施工。

【问题】

1.监理工程师在质量控制方面的监理工作内容有哪些?

2.监理工程师应对进场原材料(钢筋、水泥、砂、石等)的哪些报告、凭证资料进行确认?

3.在检查钢筋施工过程中,发现有些部位不符合设计和规范要求,监理工程师应如何处理?

【答案要点】

1.监理工程师在该工程的质量控制方面应检查有关工程质量的技术资料,例如,分项工程施工工艺方案、人员资质、机械和材料的技术资料等。检查施工单位质量保证措施,如组织措施、技术措施、经济措施、合同措施等。

进行质量跟踪监理检查,包括预检(模块、轴线、标高等)、隐蔽工程检查(钢筋、管线、预埋件等)、旁站监理等。监理工程师还应签订质量检验凭证,如预检、隐检申报表,抽验试验报告、试件、试块试压报告等。

2.监理工程师应对进场原材料应检查确认的报告、凭证资料,主要有材料出厂证明、质量保证书、技术合格证(原材料三证),材料抽检资料、试验报告等。

3.监理工程师对发现的工程质量问题应向承包单位提出整改(如要求返工),并监督检查整改过程,对整改后的工程进行检查验收与办理签证。

附录3　监理表格的示范填写

A 类表（工程监理单位用表）

表 A.0.1　总监理工程师任命书

工程名称:＿＿＿＿＿＿＿＿＿＿＿＿＿＿＿＿＿＿　　　　　　　　编号:001

致:＿＿＿＿＿＿＿＿＿＿＿＿＿＿（建设单位）
兹任命＿＿＿＿＿＿（注册监理工程师注册号:＿＿＿＿＿＿）为我单位＿＿＿＿＿＿＿＿＿项目总监理工程师。负责履行《建设工程监理合同》、主持项目监理机构工作。

工程监理单位(盖章)

法定代表人(签字):

2015 年 6 月 11 日

注:本表一式三份,项目监理机构、建设单位、施工单位各一份。

表 A.0.2 工程开工令

工程名称:_____   编号:001

致:_____(施工单位)

经审查,本工程已具备施工合同约定的开工条件,现同意你方开始施工,开工日期为:2015 年 7 月 11 日。

附件:工程开工报审表

项目监理机构(盖章)

总监理工程师(签字、加盖执业印章):

2015 年 7 月 8 日

注:本表一式三份,项目监理机构、建设单位、施工单位各一份。

表 A.0.3　监理通知单

工程名称:＿＿＿＿＿＿＿＿＿＿＿＿＿＿＿＿＿＿＿　　　　　　　编号:001

致:＿＿＿＿＿＿＿＿＿＿＿＿＿＿＿＿＿＿＿(施工单位)

事由:关于 6#楼 3F 梁板钢筋验收事宜

内容:

我部监理工程师在 3F 梁板钢筋安装验收过程中发现现场钢筋安装存在以下问题:

1.①～②轴框架梁处楼板上层钢筋保护层过厚,偏差大于《混凝土结构工程施工质量验收规范》关于"板受力钢筋保护层厚度偏差±3 mm"的规定。

2.楼板留洞(②～③轴/Ⓔ～Ⓕ轴)补强钢筋、八字筋不满足设计要求长度。

要求贵部立即对 6#楼 3F 梁板钢筋架设高度及补强钢筋长度按设计要求进行整改,自检合格后再报送我部验收,整改未合格前不得进入下道工序施工。

项目监理机构(盖章)

总/专业监理工程师(签字):

2015 年 7 月 18 日

注:本表一式三份,项目监理机构、建设单位、施工单位各一份。

表 A.0.4　工程暂停令

工程名称：＿＿＿＿＿＿＿＿＿＿＿＿＿＿＿＿＿　　　　　　　编号：001

致：＿＿＿＿＿＿＿＿＿＿＿＿＿＿＿＿＿＿＿（施工单位）

　　由于2015 年 8 月 11 日进场的防水卷材见证取样复试未完成，贵方已于 9 月 13 日起进行屋面防水卷材敷设施工。本监理部发现后，已于 2015 年 8 月 15 日发出《监理通知单》(TZ-025)要求停止施工，但贵部至今未停止施工原因，现通知你方于2015 年 8 月 16 日 9 时起，暂停屋面防水卷材施工部位(工序)施工，并按下述要求做好后续工作。

　　要求：

1. 暂停主楼屋面防水施工，待防水卷材见证取样复试合格后，再进行屋面防水施工。

2. 做好防水卷材施工基层处理工作。

3. 做好防水卷材热铺设操作特殊工种人员证书的核对工作。

　　　　　　　　　　　　　　　　　　　　　　　　项目监理机构(盖章)

　　　　　　　　　　　　　　　　　　　　　　　　总监理工程师(签字、加盖执业印章)：

　　　　　　　　　　　　　　　　　　　　　　　　2015 年 8 月 16 日

注：本表一式三份，项目监理机构、建设单位、施工单位各一份。

表 A.0.5　旁站记录

工程名称：_____　　　　　　　　　　编号：PZ-001

旁站的关键部位、关键工序	层梁、板混凝土浇筑	施工单位	
旁站开始时间	2015 年 9 月 3 日 9:00	旁站结束时间	2015 年 9 月 4 日 3:25

旁站的关键部位、关键工序施工情况：

　　采用商品混凝土,4 根振动棒振捣,现场有施工员 1 名,质检员 1 名,班长 1 名,施工作业人员 25 名,完成的混凝土数量共有 695 m³(其中,1 层剪力墙、柱,C40,230 m³;2 层梁、板,C30,465 m³),施工情况正常。

　　现场共做混凝土试块 10 组(C30,6 组,5 标样,1 同条件;C40,4 组,3 标样,1 同条件)。

　　检查了施工单位现场质检人员到岗情况,施工单位能执行施工方案,核查了商品混凝土的标号和出厂合格证,结果情况正常。

　　剪力墙、柱、梁、板浇捣顺序严格按照方案执行。

　　现场抽检混凝土坍落度,梁、板 C30 为 175 mm、190 mm、185 mm、175 mm(设计坍落度 180 mm ± 30 mm),剪力墙、柱 C40 为 175 mm、185 mm、175 mm(设计坍落度 180 mm ± 30 mm)

发现的问题及处理情况：

　　因 9 月 4 日凌晨 1 点开始下小雨,未避免混凝土表面的外观质量受影响,应做好防雨措施,进行表面覆盖。

　　　　　　　　　　　　　　　　　　　　　旁站监理人员(签字)

　　　　　　　　　　　　　　　　　　　　　2015 年 9 月 4 日

注:本表一式一份,项目监理机构留存。

表 A.0.6　工程复工令

工程名称:_____　　　　　　　　编号:001

致:_____(施工单位)

　　我方发出的编号为001《工程暂停令》,要求暂停屋面防水卷材部位(工序)施工,经查已具备复工条件。经建设单位同意,现通知你方于_____年___月___日___时起恢复施工。

　　附件:复工报审表

　　　　　　　　　　　　　　　　　　　　　　　　　项目监理机构(盖章):

　　　　　　　　　　　　　　　　　　　　　　　　　总监理工程师(签字、加盖执业印章):

　　　　　　　　　　　　　　　　　　　　　　　　　　　　　年　　　月　　　日

注:本表一式三份,项目监理机构、建设单位、施工单位各一份。

表 A.0.7　工程款支付证书

工程名称：＿＿＿＿＿＿＿＿＿＿＿＿＿＿＿＿＿

编号：

致：＿＿＿＿＿＿＿＿＿＿＿＿＿＿＿＿（施工单位）

　　根据施工合同约定,经审核编号为＿＿ZF-002＿＿工程款支付报审表,扣除有关款项后,同意支付该款项共计(大写)＿＿＿＿＿＿＿＿＿＿＿＿＿＿＿＿＿＿＿(小写:＿＿＿＿＿＿＿＿＿)。

　　其中:

　　1.施工单位申报款为:＿＿＿＿＿＿＿元;

　　2.经审核施工单位应得款为:＿＿＿＿＿＿＿元;

　　3.本期应扣款为:＿＿＿＿＿＿＿元;

　　4.本期应付款为:＿＿＿＿＿＿＿元。

　　附件:工程款支付报审表(ZF-002)及附件

项目监理机构(盖章)

总监理工程师(签字、加盖执业印章):

　　　　年　　月　　日

注:本表一式三份,项目监理机构、建设单位、施工单位各一份。

B 类表（施工单位报审、报验用表）

表 B.0.1　施工组织设计或（专项）施工方案报审表

工程名称：＿＿＿＿＿＿＿＿＿＿＿＿＿＿＿＿＿＿　　　　　　　　　编号：SZ-005

致：＿＿＿＿＿＿＿＿＿＿＿＿＿＿＿＿＿＿＿＿＿（项目监理机构）

　　我方已完成＿＿＿＿＿＿＿＿工程施工组织设计（专项）施工方案的编制，并按规定已完成相关审批手续，请予以审查。
　　附：□施工组织设计
　　　　□专项施工方案
　　　　□施工方案

施工项目经理部（盖章）

项目经理（签字）：

年　　月　　日

审查意见：
　　1. 编审程序符合相关规定；
　　2. 本施工组织设计编制内容能够满足本工程施工质量目标、进度目标、安全生产和文明施工目标均满足施工合同要求；
　　3. 施工平面布置满足工程质量进度要求；
　　4. 施工进度、施工方案及工程质量保证措施可行；
　　5. 资金、劳动力、材料、设备等资源供应计划与进度计划基本衔接；
　　6. 安全生产保障体系及采用的技术措施基本符合相关标准要求。

专业监理工程师（签字）：
年　　月　　日

审核意见：
　　同意专业监理工程师的意见，请严格按照施工组织设计组织施工。

项目监理机构（盖章）
总监理工程师（签字、加盖执业印章）：
年　　月　　日

审批意见（仅对超过一定规模的危险性较大分部分项工程专项方案）：

建设单位（盖章）

建设单位代表（签字）：

年　　月　　日

注：本表一式三份，项目监理机构、建设单位、施工单位各一份。

表 B.0.2　工程开工报审表

工程名称：＿＿＿＿＿＿＿＿＿＿＿＿＿＿＿＿＿　　　　　　　　　　　　　　编号:001

致：＿＿＿＿＿＿＿＿＿＿＿＿＿＿＿＿＿＿（建设单位）

　　＿＿＿＿＿＿＿＿＿＿＿＿＿＿＿＿＿（项目监理机构）

　　我方承担的＿＿＿＿＿＿＿工程,已完成相关准备工作,具备开工条件,特申请于＿＿＿＿年＿＿月＿＿
日开工,请予以审批。

　　附件:证明文件资料——施工现场质量管理检查记录表

施工单位(盖章)

项目经理(签字):

年　　　月　　　日

审核意见:

　　1.本项目已进行设计交底及图纸会审,图纸会审中的相关意见已经落实。

　　2.施工组织设计已经项目监理机构审核同意。

　　3.施工单位已建立相应的现场质量、安全生产管理体系。

　　4.相关管理人员及特种施工人员资质已审查并已到位,主要施工机械已进场并验收完成,主要工程材
料已落实。

　　5.现场施工道路及水、电、通信及临时设施等已按施工组织设计落实。

　　经审查,本工程现场准备工作满足开工要求,请建设单位审批。

项目监理机构(盖章)

总监理工程师(签字并加盖执业印章):

年　　　月　　　日

审批意见:

　　本工程已取得施工许可证,相关资金已经落实并按合同约定拨付施工单位,同意开工。

建设单位(盖章)

建设单位代表(签字):

年　　　月　　　日

注:本表一式三份,项目监理机构、建设单位、施工单位各一份。

表 B.0.3　工程复工报审表

工程名称：＿＿＿＿＿＿＿＿＿＿＿＿＿＿＿＿＿　　　　　　　　　　　　编号：001

| 致：＿＿＿＿＿＿＿＿＿＿＿＿＿＿＿＿＿（项目监理机构）

　　编号为 002《工程暂停令》所停工的<u>主楼屋面防水施工</u>部位,现已满足复工条件,我方申请于＿＿＿＿＿＿
年＿＿月＿＿日复工,请予以审批。

　　附件（证明文件资料）：
　　1.特殊工种施工人员交底记录
　　2.6 月 15 日进场防水卷材复试报告
　　3.合格证明书（复印件各一份）

施工单位（盖章）

项目经理（签字）：

年　　月　　日

审核意见：
　　经核查,材料复试合格,同意用于本工程,同意主楼屋面天沟防水施工。

项目监理机构（盖章）

总监理工程师（签字）：

年　　月　　日

审批意见：
　　经核查,条件已具备,同意复工要求。

建设单位（盖章）

建设单位代表（签字）：

年　　月　　日

注:本表一式三份,项目监理机构、建设单位、施工单位各一份。

表 B.0.4 分包单位资质报审表

工程名称:_____ 　　　　　　　编号:001

致:_____(项目监理机构)

　　经考察,我方认为拟选择的方兴机电安装工程有限公司(分包单位)具有承担下列工程的施工或安装资质和能力,可以保证本工程按施工合同第_____条款的约定进行施工或安装。分包后,我方仍承担本工程施工合同的全部责任。请予以审查

分包工程名称(部位)	分包工程量	分包工程合同额
智能建筑专业工程	包括综合布线、广播、网络、门禁、安防、机房工程、无线对讲、有线电视等全部智能建筑工程	_____万元
合计		_____万元

附件:
　　1.分包单位资质材料(营业执照、资质证书、安全生产许可证等证书复印件)
　　2.分包单位业绩材料(近3年类似工程施工业绩)
　　3.分包单位专职管理人员和特种作业人员的资格证书(各类人员资格证书复印件12份)
　　4.施工单位对分包单位的管理制度

　　　　　　　　　　　　　　　　　　施工单位(盖章)

　　　　　　　　　　　　　　　　　　项目经理(签字):

　　　　　　　　　　　　　　　　　　　　年　　月　　日

审查意见:
　　经核查,方兴机电安装工程有限公司具备智能建筑专业施工资质,未超资质范围承担业务;已取得全国安全生产许可证,且在有效期内;各类人员资质均符合要求,人员配置满足工程施工要求;具有同类施工资历,且无不良记录。

　　　　　　　　　　　　　　　　　　专业监理工程师(签字):

　　　　　　　　　　　　　　　　　　　　年　月　　日

审核意见:
同意方兴机电安装工程有限公司进场施工。

　　　　　　　　　　　　　　　　　　项目监理机构(盖章)

　　　　　　　　　　　　　　　　　　总监理工程师(签字):

　　　　　　　　　　　　　　　　　　　　年　　月　　日

注:本表一式三份,项目监理机构、建设单位、施工单位各一份。

表 B.0.5 施工控制测量成果报验表

工程名称:_____   编号:001

致:_____(项目监理机构)

　　我方已完成_____的施工控制测量,经自检合格,请予以查验。

　　附:

　　1.施工控制测量依据资料(规划红线、基准或基准点、引进水准点标高文件资料;总平面布置图)

　　2.施工控制测量成果表(施工测量放线成果表)

　　3.测量人员的资格证书及测量设备检定证书

施工单位(盖章)

项目技术负责人(签字):

年　　月　　日

审查意见:

　　经复核,控制网复核方位角传递均联系两个方向,水平角观测误差均在原来的度盘上两次复测无误;距离测量复核符合要求。

　　应对工程基准点、基准线,主轴线控制点实施有效保护。

项目监理机构(盖章)

专业监理工程师(签字):

年　　月　　日

注:本表一式三份,项目监理机构、建设单位、施工单位各一份。

表 B.0.6　工程材料、构配件或设备报审表

工程名称：_____　　　　　　　编号:001

致：_____（项目监理机构）

　　于 <u>2015</u> 年 <u>12</u> 月 <u>14</u> 日进场的拟用于工程_____部位的_____，经我方检验合格，现将相关资料报上，请予以审查。

　　附件：

　　1.工程材料、构配件或设备清单（本次钢筋进场清单）

　　2.质量证明文件（质量证明书、钢筋见证取样复试报告）

　　3.自检结果（外观、尺寸符合要求）

施工单位（盖章）

项目经理（签字）：

年　　　月　　　日

审查意见：

　　经复查上述工程材料，符合设计文件和规范的要求，同意进场并使用于拟定部位。

项目监理机构（盖章）

专业监理工程师（签字）：

年　　　月　　　日

注:本表一式二份,项目监理机构、施工单位各一份。

表 B.0.7 主楼 5F 柱剪力墙、梁、板钢筋安装工程检验批报审、报验表

工程名称:＿＿＿＿＿＿＿＿＿＿＿＿＿＿＿＿＿   编号:001

致:＿＿＿＿＿＿＿＿＿＿＿＿＿＿＿＿＿(项目监理机构)

我方已完成＿＿＿＿＿＿＿＿＿＿＿＿工作,经自检合格,现将有关资料报上,请予以审查或验收。

附:□隐蔽工程质量检验资料

☑检验批质量检验资料:钢筋安装工程检验批质量验收记录表

□分项工程质量检验资料

□施工试验室证明资料

□其他

施工单位(盖章)

项目经理或项目技术负责人(签字):

年   月   日

审查或验收意见:

经现场验收检查,钢筋安装质量符合设计和规范要求,同意进行下一道工序。

项目监理机构(盖章)

专业监理工程师(签字):

年   月   日

注:本表一式二份,项目监理机构、施工单位各一份。

表 B.0.8　分部工程报验表

工程名称：_____　　　　　　　　编号：001

<table>
<tr><td>
致：_____(项目监理机构)

　　我方已完成_____(分部工程)，经自检合格，现将有关资料报上，请予以验收。
　　附件分部工程质量控制资料：
　　1.主体结构分部(子分部)工程质量验收记录
　　2.单位(子单位)工程质量控制资料核查记录(主体结构分部)
　　3.单位(子单位)工程安全和功能检验资料核查及主要功能抽查记录(主体结构分部)
　　4.单位(子单位)工程观感质量检查记录(主体结构分部)
　　5.主体混凝土结构子分部工程结构实体混凝土强度验收记录
　　6.主体结构分部工程质量验收证明书

　　　　　　　　　　　　　　　　　　施工单位(盖章)

　　　　　　　　　　　　　　　项目技术负责人(签字)：

　　　　　　　　　　　　　　　　　　年　　月　　日
</td></tr>
<tr><td>
验收意见：
　　1.主体结构工程施工已完成；
　　2.各分项工程所含的检验批质量符合设计和规范要求；
　　3.各分项工程所含的检验批质量验收记录完整；
　　4.主体结构安全和功能检验资料核查及主要功能抽查符合设计和规范要求；
　　5.主体结构混凝土外观质量符合设计和规范要求，未发现混凝土质量通病；
　　6.主体结构实体检测结果合格。

　　　　　　　　　　　　　　　专业监理工程师(签字)：

　　　　　　　　　　　　　　　　　　年　　月　　日
</td></tr>
<tr><td>
验收意见：
　　　　同意验收。

　　　　　　　　　　　　　　　　　　项目监理机构(盖章)

　　　　　　　　　　　　　　　总监理工程师(签字)：

　　　　　　　　　　　　　　　　　　年　　月　　日
</td></tr>
</table>

注：本表一式三份，项目监理机构、建设单位、施工单位各一份。

表 B.0.9　监理通知回复

工程名称：_____　　　　　　　　　　编号：002

致：_____（项目监理机构） 　　我方接到编号为_____的监理通知单后，已按要求完成相关工作，请予以复查。 　　附：需要说明的情况——根据项目监理机构所提出的要求，我司在接到通知后，立即停止了该部位的防水卷材铺设施工，组织工人对卷材铺设基层做处理，并组织召开施工班组交底，在卷材复试未合格前不得进行敷设施工。   　　　　　　　　　　　　　　　　　　　　　　　　　施工单位（盖章） 　　　　　　　　　　　　　　　　　　　　　　　　　项目经理（签字）： 　　　　　　　　　　　　　　　　　　　　　　　　　　　　年　　　月　　　日
复查意见： 　　经巡视检查，已停止该部位的防水卷材施工，监理人员将跟踪检查。   　　　　　　　　　　　　　　　　　　　　　　　　　项目监理机构（盖章） 　　　　　　　　　　　　　　　　　　　　　　　　　总监理工程师或专业监理工程师（签字）： 　　　　　　　　　　　　　　　　　　　　　　　　　　　　年　　　月　　　日

注：本表一式三份，项目监理机构、建设单位、施工单位各一份。

表 B.0.10 单位工程竣工验收报审表

工程名称：_____　　　　　　　编号：001

致：_____（监理项目机构）
　　我方已按施工合同要求完成_____工程,经自检合格,现将有关资料报上,请予以预验收。

附件：
1. 工程质量验收报告（工程竣工报告）
2. 工程功能检验资料：
①单位（子单位）工程质量竣工验收记录
②单位（子单位）工程质量资料核查记录
③单位（子单位）工程安全和功能检验资料核查及主要功能抽查记录
④单位（子单位）工程观感质量检查记录

　　　　　　　　　　　　　　　　　施工单位（盖章）

　　　　　　　　　　　　　　　　　项目经理（签字）：

　　　　　　　　　　　　　　　　　　　年　　　月　　　日

预验收意见：
　　经预验收,该工程合格,可以组织正式验收。

　　　　　　　　　　　　　　　　　项目监理机构（盖章）

　　　　　　　　　　　　　　　　　总监理工程师（签字、加盖执业印章）：

　　　　　　　　　　　　　　　　　　　年　　　月　　　日

注：本表一式三份,项目监理机构、建设单位、施工单位各一份。

表 B.0.11　工程款支付报审表

工程名称：_____　　　　　　　编号：001

致：_____（项目监理机构）
我方已完成_____工作，按施工合同约定，建设单位应在___年___月___日前支付该项工程款共（大写）_____（小写：_____元），现将有关资料报上，请予以审批。 　　附件： 　　□已完成工程量报表 　　□工程竣工结算证明材料 　　□相应的支持性证明文件 　　　　　　　　　　　　　　　　　　　　　施工单位（盖章） 　　　　　　　　　　　　　　　　　　　　　项目经理（签字）： 　　　　　　　　　　　　　　　　　　　　　　　　年　　月　　日
审查意见： 　　1.施工单位应得款为：　　　　　　元； 　　2.本期应扣款为：　　　　　　元； 　　3.本期应付款为：　　　　　　元。 　　附件：相应支持性材料 　　　　　　　　　　　　　　　　　　　　　专业监理工程师（签字）： 　　　　　　　　　　　　　　　　　　　　　　　　年　　月　　日
审核意见： 　　经审核，专业监理工程师审查结果正确，请建设单位审批。 　　　　　　　　　　　　　　　　　　　　　项目监理机构（盖章） 　　　　　　　　　　　　　　　　　　　　　总监理工程师（签字及执业印章）： 　　　　　　　　　　　　　　　　　　　　　　　　年　　月　　日
审批意见： 　　同意监理意见，支付本次工程款共计人民币_____元整。 　　　　　　　　　　　　　　　　　　　　　建设单位（盖章） 　　　　　　　　　　　　　　　　　　　　　建设单位代表（签字）： 　　　　　　　　　　　　　　　　　　　　　　　　年　　月　　日

注：本表一式三份，项目监理机构、建设单位、施工单位各一份；工程竣工结算报审时本表一式四份，项目监理机构、建设单位各一份、施工单位二份。

表 B.0.12　施工进度计划报审表

工程名称：＿＿＿＿＿＿＿＿＿＿＿＿＿＿＿＿＿　　　　　　　　　　编号:001

致：＿＿＿＿＿＿＿＿＿＿＿＿＿＿＿＿＿＿（项目监理机构） 　　我方根据施工合同的有关规定,已完成＿＿＿＿＿＿工程施工进度计划的编制和批准,请予以审查。 　　附件:☑施工总进度计划(工程总进度计划) 　　　　　□阶段性进度计划   　　　　　　　　　　　　　　　　　　　　　　施工单位(盖章) 　　　　　　　　　　　　　　　　　　　　　　项目经理(签字): 　　　　　　　　　　　　　　　　　　　　　　　　年　　月　　日
审查意见: 　　经审查,本工程总进度计划施工内容完整,总工期满足合同要求,符合国家相关工期管理规定,同意按此计划组织施工。   　　　　　　　　　　　　　　　　　　　专业监理工程师(签字): 　　　　　　　　　　　　　　　　　　　　　　年　　月　　日
审核意见: 　　同意按此施工进度计划组织施工。   　　　　　　　　　　　　　　　　　　　项目监理机构(盖章) 　　　　　　　　　　　　　　　　　　　总监理工程师(签字): 　　　　　　　　　　　　　　　　　　　　　　年　　月　　日

注:本表一式三份,项目监理机构、建设单位、施工单位各一份。

表 B.0.13 费用索赔报审表

工程名称:_____   编号:001

致:_____(项目监理机构) 　　根据施工合同_____条款,由于_____的原因,我方申请索赔金额 (大写)_____,请予批准。 　　索赔理由:_____。 　　附件:□索赔金额的计算 　　　　　□证明材料   　　　　　　　　　　　　　　　　　　　　　　　施工单位(盖章) 　　　　　　　　　　　　　　　　　　　　　　　项目经理(签字): 　　　　　　　　　　　　　　　　　　　　　　　　　年　　　月　　　日
审核意见: 　　□不同意此项索赔。 　　□同意此项索赔,索赔金额为(大写)_____。 　　同意／不同意索赔的理由:_____。 　　附件:□索赔审查报告   　　　　　　　　　　　　　　　　　　　　　　项目监理机构(盖章) 　　　　　　　　　　　　　　　　　　　　　　总监理工程师(签字、加盖执业印章): 　　　　　　　　　　　　　　　　　　　　　　　　年　　　月　　　日
审批意见: 　　同意监理意见。   　　　　　　　　　　　　　　　　　　　　　　建设单位(盖章) 　　　　　　　　　　　　　　　　　　　　　　建设单位代表(签字): 　　　　　　　　　　　　　　　　　　　　　　　　年　　　月　　　日

注:本表一式三份,项目监理机构、建设单位、施工单位各一份。

表 B.0.14 工程临时或最终延期报审表

工程名称:＿＿＿＿＿＿＿＿＿＿＿＿＿＿＿＿＿＿＿＿＿ 编号:001

致:＿＿＿＿＿＿＿＿＿＿＿＿＿＿＿＿＿＿＿(项目监理机构)

根据施工合同＿＿＿＿＿＿＿(条款),由于＿＿＿＿＿＿原因,我方申请工程临时/最终延期＿＿＿＿＿(日历天),请予批准。

附件:

1.工程延期依据及工期计算(24/8＝3 天)

2.证明材料(停水通知/公告;停电通知/公告)

施工单位(盖章)

项目经理(签字):

年　　月　　日

审核意见:

☑同意临时或最终延长工期＿＿＿＿＿(日历天)。工程竣工日期从施工合同约定的＿＿＿年＿＿＿月＿＿＿日延迟到＿＿＿年＿＿＿月＿＿＿日。

□不同意延长工期,请按约定竣工日期组织施工。

项目监理机构(盖章)

总监理工程师(签字、执业印章):

年　　月　　日

审批意见:

同意临时延长工期3 天。

建设单位(盖章)

建设单位代表(签字):

年　　月　　日

注:本表一式三份,项目监理机构、建设单位、施工单位各一份。

C 类表 (通用表)

表 C.0.1　工作联系单

工程名称：＿＿＿＿＿＿＿＿＿＿＿＿＿＿＿＿＿＿　　　　　　　编号：001

致：＿＿＿＿＿＿＿＿＿＿＿＿＿＿＿＿＿

　　我方已与设计单位商定于＿＿＿＿＿＿年＿＿＿月＿＿＿日＿＿＿时进行本工程设计交底和图纸会审工作，请贵方做好有关准备工作。

发文单位：

负责人（签字）：

年　　　月　　　日

表 C.0.2　工程变更单

工程名称:_____　　　　　　　　　编号:001

致:_____(建设单位、设计研究院、监理项目机构)
由于_____原因,兹提出_____工程变更,请予以审批。

附件:

☑变更内容

☑变更设计图

☑相关会议纪要

☐其他

变更提出单位:

负责人:

年　　　月　　　日

工程数量增或减	无
费用增或减	无
工期变化	无

同意	同意
施工单位(盖章)	设计单位(盖章)
项目经理(签字):	设计负责人(签字):
同意	同意
项目监理机构(盖章)	建设单位(盖章)
总监理工程师(签字):	负责人(签字):

注:本表一式四份,建设单位、项目监理机构、设计单位、施工单位各一份。

表 C.0.3　索赔意向通知书

工程名称：_____　　　　　　　编号：001

致：_____（建设单位、设计研究院、项目监理机构）

　　根据《建设工程施工合同》_____（条约）的约定，由于发生了_____事件，且该事件的发生非我方原因所致。为此，我方_____（单位）提出索赔要求。

附件：索赔事件资料

　　　　　　　　　　　　　　　　　　　　　　　　提出单位（盖章）

　　　　　　　　　　　　　　　　　　　　　　　　负责人（签字）：

　　　　　　　　　　　　　　　　　　　　　　　　　年　　　月　　　日

参考文献

［1］全国监理工程师培训教材编写委员会. 工程建设进度控制［M］. 北京：中国建筑工业出版社，2011.

［2］全国监理工程师培训教材编写委员会. 工程建设投资控制［M］. 北京：知识产权出版社，2011.

［3］王立信. 建设工程监理工作实务应用指南［M］. 北京：中国建筑工业出版社，2005.

［4］庞永师. 建设工程监理［M］. 广州：广东科技出版社，2004.

［5］杜逸玲. 监理工程师手册［M］. 太原：山西科学技术出版社，2003.

［6］王长永，李树枫. 工程建设监理概论［M］. 北京：科学出版社，2001.

［7］中华人民共和国住房和城乡建设部. 建设工程监理规范：GB/T 50319—2013［S］. 北京：中国建筑工业出版社，2013.

［8］全国监理工程师培训教材编写委员会. 工程建设质量控制［M］. 北京：中国建筑工业出版社，2011.

［9］全国监理工程师培训教材编写委员会. 工程建设信息管理［M］. 北京：中国建筑工业出版社，2011.

［10］夏清东，刘钦. 工程造价管理［M］. 北京：科学出版社，2004.

［11］宋敏，安玉华. 工程项目估价［M］. 北京：化学工业出版社，2007.

［12］王洪，陈健. 建设项目管理［M］. 3版. 北京：机械工业出版社，2016.

［13］中国建设监理协会. 建设工程监理规范 GB/T 50319—2013 应用指南［M］. 北京：中国建筑工业出版社，2013.